# 小小核讲师

# Little Nuclear Instructor

曹亚丽　黎　为　左　跃
高　颖　乔　煜　梅致瑜　/ 著

中国原子能出版社

**图书在版编目（CIP）数据**

小小核讲师 / 曹亚丽等著 . -- 北京 : 中国原子能
出版社 , 2021.9（2024.10重印）
ISBN 978-7-5221-1570-2

Ⅰ . ①小… Ⅱ . ①曹… Ⅲ . ①核能 – 青少年读物
Ⅳ . ① TL-49

中国版本图书馆 CIP 数据核字 (2021) 第 183885 号

**小小核讲师**

---

出版发行　中国原子能出版社（北京市海淀区阜成路43号　100048）
责任编辑　胡晓彤
责任校对　宋　巍
责任印制　赵　明
印　　刷　北京厚诚则铭印刷科技有限公司
经　　销　全国新华书店
开　　本　880 mm × 1230 mm 1/32
印　　张　10.5　　　　字　　数　161.7千字
版　　次　2021年9月第1版　2024年10月第2次印刷
书　　号　ISBN 978-7-5221-1570-2　　定　　价　68.00元

---

网址：http://www.aep.com.cn/　　E-mail: atomep123@126.com
发行电话：010-68452845

# 目录

mu lu

上篇

小小核讲师

第一章 01

## 能量



第二章 02

## 电



第三章 03

## 原子



第四章 04

## 辐射

05 第五章

# 裂变



06 第六章

# 核电



07 第七章

# 核电厂的乏燃料与放射性废物



08 第八章

# 核安全

# 目录

mu lu

下篇 科普小读物

## 第一章 01

## 能量之源



## 第二章 02

## 原子的探秘之旅

03 第三章

## 海上核能

第一部分



## 魅力核电厂

第二部分



## 我们身边的核技术

第三部分



04 第四章

## 未来之梦

# 上·篇

小小核讲师

第一章

# 01 能量

## 课程介绍

本课将围绕能量状态和形式，能量来源，能量利用对环境的影响（例如温室效应）等展开。

## 课程目标

完成本课后，学生将具备以下能力：

熟知生活中能量使用的实例；

掌握一次能源与二次能源的基本概念并能举例说明；

掌握可再生与不可再生能源的基本概念并能举例区分；

给出节约能源的方案并实践；

确定能源使用的环境成本（温室气体排放、资源消耗等）。

## 课程时长

90 分钟

## 课程教具

简易水车

# 课堂任务

## 一、导入（5分钟）

1. 阐述课程将涉及内容：能量的状态与形式，能量的来源，能量的分类，能量使用的环境成本。

2. 课程最后将共同思考与探索未来的能源结构。

## 二、学生任务（30分钟）

### 1. 掌握能量的定义

**让学生初步认识能量。**

能量是做功的能力。

生活中，“做功”可以理解为打扫房间，割草，学习等一系列行为。这些行为都需要能量。通常，“做功”引起变化：位置变化（例如将衣服从地板放入洗衣篮中）；温度变化（例如烧水）；形式变化（例如水变成蒸气）。这些行为都需要能量。

只要做功，就会消耗能量。任何活动都需要能量来完成，例如：为工厂和企业供电；使用电器；让身体保持活力；制造汽车、卡车、飞机和船只，并为其加油；制衣等。

### 2. 了解能源

**了解能量的不同来源。**

（1）地球的大部分能量来自太阳

植物通过光合作用将这种能量转化为化学能。这种化学能以糖和淀粉、脂肪等形式储存，为植物以及食用植物的人和动物提供能量。当我们燃烧树木等植物时，储存的化学能被转化并以热（热能）和光（辐射能）的形式释放，我们称之为火。

生物质指的是植物和动物体内储存有化学能的物质。生物质中储存的能量最初来自太阳。例如木材属于生物质。通过燃烧生物质，我们将其储存的化学能以热能和辐射能的方式释放出来。我们还可以将其转化为液体燃料，如乙醇和生物柴油。

太阳射线产生的辐射能使地球不同地方温度存在差异。温度较高的地方空气被加热上升。进而冷空气流入，以取代上升的热空气。我们称这种气流为风。

太阳发出的辐射能也会使水蒸发形成水蒸气。水汽上升到高层大气，形成云和雨。这就是所谓的水循环。风暴和风中的巨大能量实际上是由太阳的辐射能造成的。

下雨的时候，水顺着河而流。水流产生的能量可以使涡轮机产生水力发电。

大约 3 亿年前，无数的植物和动物死去，慢慢地被埋在一层又一层的泥土和沙子之下。这些地层中的热量和压力使得这些生物质中储存的化学能越发集中，慢慢地转化为化石燃料——石油、煤和天然气等。

（2）来自地球本身的能源

核能，地壳中铀等放射性元素受激发而产生的能量。

地热能，蕴藏在地球内部的热量。

（3）来自宇宙中其他星球对地球引力所产生的能量

比如受月亮影响的潮汐能。

### 3. 能源的分类

**掌握一次能源与二次能源的定义，区分可再生与不可再生能源。**

一次能源是在我们将其转化为功之前在自然界中存在的能量。一次能源有：太阳能（阳光），水能（流水），风能（太阳加热大气引起的空气移动），生物质能（植物），潮汐能（月球重力的影响），核能（铀和钚原子核内部的能量），地热能（来自地球内部的热量），化石燃料能源（煤、天然气、石油）。即使化石能源最初从太阳获取能量并将其储存为化学能，化石燃料依旧被认为一次能源。

二次能源是利用一次能源产生的另一种形态的能源。例如电能。

我们可以进一步将一次能源和二次能源分为可再生能源和不可再生能源。可再生能源可以不断得到补充。太阳能，风能，河流中的水能都是可再生能源。我们使用可再生能源发电。不可再生能源是不能够被补充的。煤炭、石油、天然气和铀的供应有限。当我们用完这些资源时，它们就会消失。我们现在使用的大部分能源都是不可再生能源。我们用它们来发电、取暖等。

### 4. 了解能量的转化

**要求学生理解能量守恒。**

根据能量守恒定律，能量可以从一种形式转变为另一种形式，但它不能被创造或摧毁。事实上，当使用能源时，实际上是利用能源转换来做功。

能量以数百种方式被转化。

例如：

（1）将汽油燃烧以便为汽车提供动力是我们所依赖的一个能量转换过程。汽油中的化学能被转化为热能，然后转化为机械能，使汽车运动。此时，机械能已转化为动能。当我们用刹车使汽车停下来时，动能就会通过摩擦而转化为热能。

（2）我们的身体也是由能量转换供能的。我们必须将食物中的能量转化为其他形式的能量，例如机械能，这样我们才能移动，或者转化为热能来维持体温。当我们运动时（化学能转化为机械能），也会产生大量的热能。

每次我们把能量从一种形式转换到另一种形式时，就会失去一些能量，通常是热能。我们必须不断地在机器上投入更多的能量，否则机器就会因能量耗尽而停止工作。如果能量转化过程中没有浪费很多能量，则被称为效率高。事实上大多数能量转换过程并不是很有效率。因此，能量被消耗到环境中去了。我们在身体或汽车中使用的能量只有 25% 被转化为机械能，剩下的以热量形式消散了。当能量转化过程浪费大量的能量，它被称为低效。当我们不能有效地转换能量时，就会耗费金钱，浪费宝贵的资源。这就是为什么今天的人们不断通过精细化利用能源资源和尽可能有效地进行能量转换，寻找节约能源的原因。

### 5. 节约能源

**要求学生了解如何节约能源。**

节约能源人人有责。虽然节约不能创造能源，但我们可以通过节约能源来延长不可再生能源的使用周期。生活中节约能源的方式有很多：少开车，采取步行或骑自行车；使用公共交通工具，比如地铁和公共汽车；重复利用物品，回收废弃物品；关闭未使用的灯和装置，使用节能灯泡；当我们不使用手机和音乐播放器时，拔下充电器。另外，由于节约能源日趋重要，制造商正在制造更高效的机器。选择效率更高的汽车。此外，家庭可以购买具有良好能效等级的电器。

## 6. 了解使用能源可能对环境产生的影响

**学生需要了解温室效应。**

如果你曾经去过温室，你知道那里是种植物的地方，即使在冬天也是如此。温室通常看起来像玻璃建筑。玻璃让太阳发出的辐射能进来，但当光线穿过玻璃时，它的波长变长了，很难从玻璃中反射回去。辐射能以热的形式被俘获。

大气中的一些气体以类似一层玻璃的方式捕捉热量。它们被称为温室气体。由此产生的温度上升被称为温室效应。

阳光进入地球大气层。土地、水和大气吸收辐射能。其中一些能量通过大气反射回太空，但一些能量被困在了温室气体所在的大气层。大气中温室气体数量的增加会吸引更多的热量，导致温度升高。全球变暖是全球范围内的气温上升。气温上升可能会导致降雨、高强度风暴、极地冰融化和海平面上升的变化。这就是气候变化带来的影响。

温室气体是自然产生的，也是人类活动的结果。一些主要的温室气体是：二氧化碳（$CO_2$）——当我们燃烧石油、煤炭和天然气时释放出来的二氧化碳。它也可以来自生物和火山；甲烷（$CH_4$）——来自垃圾填埋场、煤矿、石油和天然气业务以及农业；一氧化亚氮（$N_2O$）——来自于使用氮肥和燃烧化石燃料。

我们生产能源的每一种方式都会在某种程度上影响我们的环境。想想如下这些的影响：开采煤和铀；石油钻探；压裂地下岩石来开采天然气和地热水；在河流上建筑提坝来水力发电；砍伐树木；将涡轮机放置在海里用于潮汐发电；利用大片土地作为风力或太阳能电厂；处理燃煤或核电厂产生的废物。我们必须合理地使用能源，保护环境。

## 7. 思考未来能源

**学生讨论未来可使用的能源。**

越来越多的人开始意识到能量对我们生活的重要性。因此，我们需要合理使用不同种类的能源。但是如何选择，确实一个非常复杂的问题。我们需要考虑：（1）资源的供给地。例如，我们几乎一半的石油是从其他国家购买的。为了我们的国家安全，很多人希望我们能够从国内生产我们所需要的能源；（2）能源的成本；（3）哪些资源能够提供我们所需的能源；（4）资源开采与能源使用对环境的影响；等等。

## 三、课程总结（5 分钟）

能量是做功的能力。

能量有多种形式，包括机械能、化学能、热能、电能、辐射能、核能和重力能。

我们今天使用的一次能源有化石燃料能源、核能、地热能源、风能、太阳能和潮汐能等。所有这些都可以用来发电，电是一种二次能源。

能源可分为可再生能源和不可再生能源。不可再生能源是不能被补充的；可再生能源是可以不断得到补充的。

我们可以将能量从一种形式转化为另一种形式，但我们不能创造或摧毁能量。

节约能源是对能源的保护。虽然节约不能创造能源，但因此可延长不可再生能源供应的时间。

所有能源的使用都会对环境造成影响，例如化石能源的使用会产生大量温室气体。大多数科学家认为温室气体是造成气候变化的原因之一。

## 四、家庭作业

学生分组。每组设计一个虚构的城市，为城市提供名称，位置和主要能量源。创建一个标牌供来访者阅读，告诉他们需要了解的城市能源信息。此家庭作业旨在鼓励学生思考所在地的自然资源，并将其用于城市设计。

第二章

02

# 电

## 课程介绍

如果没有电很难想象生活会有多困难。本课程将围绕着电力产生与输送展开。

## 课程目标

完成本课后，学生将具备以下能力：

了解电是由被称为电子的带电粒子流动引起的；

通过小实验掌握发电的基本原理与过程；

了解供电步骤（发电、输电和配电）；

了解电网。

## 课程时长

90 分钟

## 课程教具

手摇发电机

# 教学过程

## 一、导入（5 分钟）

1. 阐述课程涉及内容：电的定义，发电，输电，售电。

2. 本次课程将完成一个发电小实验。

## 二、学生任务（30 分钟）

### 1. 了解电的定义

在所有形式的能源中，电是我们日常生活中最依赖的能源。

电是带有负电荷的称为电子的微小粒子的存在或流动产生的物理现象。你在天空中看的闪电是电。当你的头发被梳子吸引时，或者当你脱下毛衣时产生的静电也是电。

我们使用发电机来产生稳定的电流。发电机是将其他形式的能源转换成电能的机械设备。发电机不是铜线线圈。这就产生了通过线圈的电子流。

### 2. 发电机小实验

出示任务：由教师带学生认识实验教具。说明实验原理。

执行任务：每组学生尝试用发电机发电。

总结与反思：教师组织学生讨论总结。问学生：如果他们是发电厂厂长，会使用什么方式发电？

### 3. 了解发电方式

一般情况下，电力是在发电厂中通过转化一次能源而产生的。

我们用来发电的能源有化石燃料（煤、石油或天然气）、铀或落水。我们也能用太阳能、风能、生物质能和地热资源发电。

大多数火电厂和核电厂在几个方面有相似之处。首先，他们通过加热水来产生蒸汽。然后，蒸汽冲击汽轮机的叶片，使其旋转，就像空气使风车的叶片旋转一样，从而使汽轮机带动发电机转动并产生电力。

### 4. 掌握变电输电与配电

发电机产生的电力通过电线传送到家庭、学校、医院、农场、工厂等。这不是一份简单的工作。

电的分配过程和水通过管道被抽出来的过程相类似。水从泵的高压处通过管道流向压力较低的家庭。对于电，这种“压差”称为电压。

**向用户供电有三个主要步骤：**

发电——利用一种能源生产电力。

输电——利用高压线路将电力从发电厂传输到可能远离发电厂的地区。

配电——使用低压线路、变电站和变压器向当地客户供电。

### 5. 了解电网

为了给每一个电力用户提供电力，电网公司需要长距离地传输大量的电力。这是通过一个叫做电网的传输网络来完成的。在发电厂，发电机发的电首先要提升电压，以便被更有效地传输。然后，高压电流通过电网输送到一个变电站，在那里转换成较低的电压，以便分配给家庭、学校和工业单位。

为了确保用户的用电需求被及时满足，电网公司正在对智能电网设备进行投资。这个无线设备让电网公司实时知道发生了什么。它帮助电网公司迅速发现和修复问题，如电线损坏。智能电网还可以告诉电力公司何时需要更多的电力来满足需求。这有助于提高发电、输配电各环节的效率。它还帮助用户在电价较低的时候选择使用更多的电力。

### 6. 售电

向客户出售电力的公司属于公用事业公司。公用事业公司向公众提供生活所必需的东西，如电力、燃气和自来水等。

由于公用事业公司为其客户提供生活所必需的服务，因此它有特殊的职责。例如，一家电力公司必须能够及时满足客户的所有电力需求。一家公用事业公司不能像其他商业公司那样只需要保证在两周内交付产品。电力是必须随时准备可以使用的。这意味着必须有发电厂、燃料和足够的输电线路以随时提供电力。而且供应必须是可靠的，费用必须合理。

为了确保这些条件得到满足，地方政府对公用事业进行管制。当政府进行监管时，他们会确保公用事业以公平的价格提供良好的服务。作为回报，该公用事业公司被允许成为其所在地区的唯一供应商。而且，政府负责管制用户费率，批准发电设施用地，并执行国家环境保护条例。

电力工业必须建造发电厂、经营发电厂、为发电厂购买燃料、架设电线或将它们埋在地下，以供电给每个家庭和企业使用。给工人发工资，让他们做所有必须做的工作。你可以想象，所有这些都需要很多钱。

用户为他们使用的电力支付电费。电表记录电力公司电传输到我们的家庭、企业、学校和工厂的电量。该公司要么派一名工人去读电表，要么让更新的电表通过电力线向电力公司发送一个信号，显示每个用户使用了多少。然后电力公司发给每个用户一张账单。

因为电力公司必须服务市民的需要，所以管理电力的人必须精心策划，才能生产足够的电力。今天作出的决定必须先预测公众未来对电力的需求。这些决定可能会很困难。建造一座新的核电厂可能需要 5~15 年的时间。建造一座使用可再生能源的发电厂也需要时间，比如大坝、太阳能项目或风电场。因为这可能需要很长时间，所以公用事业公司必须根据对客户未来需求的预测结果来提前采取行动。

## 三、课程总结（5 分钟）

电是我们最常见的能量形式。电是由具有负电荷的微小粒子的流动产生的。

在发电厂，电力是通过能源转化而产生的。这些能源包括化石燃料、铀和水力发电。我们也使用太阳能、风能、生物质能和地热能。

大多数火力发电厂通过加热水，产生蒸汽，然后用蒸汽推动连接在发电机上的汽涡轮叶片来发电。

销售电力的公司被称为公用事业公司。公用事业公司受到监管，因此我们的电力供应是稳定的，成本也是公平的。

向客户供电有三个主要步骤——发电、输电和配电。电力通过电网传送给用户。顾客为他们所用的电付费。新的智能电网系统帮助公用事业公司跟踪电力需求，并高效地运营。

由于新建造一座核电厂需要 5~15 年的时间，公用事业公司必须根据对客户未来需求的预测结果来提前采取行动。

第三章

# 03

# 原　子

## 课程介绍

你可能听说过人们把核能称为“原子能”。为什么呢？因为核能是原子核结构发生变化时释放的能量（结合能）。核电厂发电的原理就是将这种能量转化为热能，进而转化为电能。在这节课中，我们将深入了解原子以及原子是如何储存能量的。

## 课程目标

完成本课后，学生将具备以下能力：

描述物质的组成；

描述分子和原子，描述原子的各个构成部分；

掌握元素与同位素的概念；

了解元素周期表；

通过原子核中的质子数识别不同的元素。

## 课程时长

90 分钟

## 课程教具

化学分子结构模型，篮球、网球、乒乓球，西瓜或葡萄干蛋糕，元素周期表，钢铁侠模型等。

# 课堂任务

## 一、导入（5 分钟）

1. 阐述课程将涉及内容：分子与原子的定义。核电厂如何利用原子产生能量从而实现发电的。

2. 本次课程将使用化学分子结构模型让同学们更好地了解分子与原子。

## 二、学生任务（30 分钟）

### 1. 了解分子与原子

教师引导学生知道分子是比教室中任何可见物质都要小的东西。并强调所有物质都是由分子组成的，例如糖、盐、桌子、椅子，甚至身体。接着教师告诉学生其实分子是由更小的被称为原子的粒子组成的。原子太小了以至于需要数以百万计的原子能制造出一粒灰尘。教师可以通过原子结构图展示分子与原子的构造，给学生加深印象。

### 2. 了解质子，中子和电子

教师告诉学生虽然原子很小，但它们是由更小的粒子组成。在大多数原子中有三种基本粒子——质子、中子和电子。质子携带正电荷。中子没有电荷。质子和中子合在一起，形成原子核。电子带有负电荷并在原子核周围移动。教师通过实心球模型，西瓜模型，行星模型让学生对原子核与电子有着更深刻的印象。

### 3. 了解元素与元素周期表

通过对分子与原子的讲解，学生将更容易接受元素的概念。化学元素即是具有相同质子数的一类原子的总称。由所有元素组成，并按质子数目由小到大排列的表即为元素周期表。

教师举例说明元素。并强调质子数相同但中子数不同的元素称为同位素。

### 4. 了解原子能量

原子是指化学反应不可再分的基本微粒。原子在化学反应中不可分割，但在物理状态中可以分割。原子由原子核和绕核运动的电子组成。

原子能又称为核能，顾名思义，核能是通过核反应从原子核释放的能量，符合爱因斯坦的质能方程 $E=mc^2$ ，其中 $E=$ 能量，$m=$ 质量，$c=$ 光速。

核能可通过三种核反应之一释放：（1）核裂变，较重的原子核分裂释放结核能。（2）核聚变，较轻的原子核聚合在一起释放结核能。（3）核衰变，原子核自发衰变过程中释放能量。

### 5. 了解同位素

具有相同质子数，不同中子数的同一元素的不同核素互为同位素。

例如：氢有三种同位素，氕（H）、氘（D，重氢）、氚（T，超重氢）；碳有多种同位素，$^{12}C$、$^{13}C$ 和 $^{14}C$（有放射性）等。

同位素的化学性质几乎相同，但物理性质不同。

当不稳定同位素趋于稳定状态时，就会释放能量，这种能量被称为辐射能。同位素放出能量的性质即为放射性。

具体内容我们将在下一课中讲述。

## 三、课程总结（5 分钟）

原子是物质的最小单位，具有元素的所有性质。原子结合在一起形成分子。原子由质子、中子和电子组成。

质子有正电荷，中子没有电荷，电子有负电荷。质子和中子共同构成原子核。电子绕着原子核运动。

相同元素的每个原子的原子核包含相同数量的质子，但中子的数量可能有所不同。元素周期表给出了每个元素的名称、符号和质子数。

第四章

# 04 辐射

## 课程介绍

在上一课中，我们学过不稳定同位素趋于稳定状态时会释放能量。这种能量被称为辐射能。这节课将探讨辐射的来源与形式，探测和测量辐射的方式，超剂量辐射的害处，以及如何做好辐射防护等。

## 课程目标

完成本课后，学生将具备以下能力：

掌握辐射的定义；

掌握放射性衰变与半衰期概念；

区分非电离辐射和电离辐射；

熟知辐射的计量单位，例如：毫希沃特（mSv）和戈瑞（Gy）；

了解时间、距离和屏蔽是如何用于辐射防护的；

识别放射性物质存在的标志。

## 课程时长

90 分钟

## 课程教具

电磁辐射检测仪，核辐射检测仪。

# 教学过程

## 一、导入（5 分钟）

1. 阐述课程将涉及内容：电离辐射与非电离辐射，放射性衰变与半衰期，辐射防护方法。

2. 本次课程将使用电磁辐射检测仪测量身边的磁场，电场等。

3. 本次课程将使用核辐射检测仪测量身边的核辐射剂量。

## 二、学生任务（30 分钟）

### 1. 掌握电离辐射与非电离辐射概念

教师告诉学生辐射无处不在。辐射是以波或粒子的形式在空间中运动的能量。辐射可以分为非电离辐射和电离辐射。

非电离辐射没有足够的能量来将电子从原子中撞击出来。阳光、无线电波、和手机信号等是非电离辐射。

电离辐射可将电子从原子中撞击出来，产生被称为离子的带电粒子。

教师可要求学生举出电离辐射的例子。例如医学 X 光用于治疗疾病等。

### 2. 电场磁场测量小实验

出示任务：由教师介绍电磁辐射检测仪的作用与使用方法。

执行任务：将学生分组。每组学生测量不同地方的辐射剂量（例如接近手机地方，远离手机地方等）。不同组学生将数据进行对比。

总结与反思：总结环节，教师组织学生讨论。

### 3. 过量辐射的危害

教师向学生解释为什么电磁辐射会对人体产生伤害。

过量的非电离辐射会对人体造成伤害，例如，皮肤被过量的紫外线晒伤。

电离辐射包括 α、β、γ 射线等。其中 α 射线穿透力低下，纸、皮肤等物质可以阻挡。β 射线可以用薄铝金属片阻挡。γ 射线穿透力强，需要用铅或混凝土阻挡。电离辐射会引起活细胞的化学变化，因此对人体产生伤害。因此核电厂中需要做好辐射防护。

教师可以适当提及放射性衰变。放射性衰变是同位素从原子核发射出射线，趋于稳定的过程。一种同位素失去一半放射性所需的时间被称为半衰期。放射性衰变属于电离辐射。

### 4. 讨论辐射防护的方法

减轻辐射伤害的方法为：缩短暴露时间；增加与辐射源的距离；增加铅或混凝土等致密材料的屏蔽等。当然，为了远离放射源，需要学会辨别辐射标志。

教师引导学生讨论如何减少来自太阳光的非电离辐射。例如可以通过穿防晒衣，涂防晒霜等。

因为我们不能用感官来探测辐射，而且暴露在过多的辐射中是有害的，所以当放射性物质存在时，我们必需使用一个特殊的符号来警告我们。当我们用卡车、火车、飞机或轮船运送放射性物质时，我们会把这个符号放在放射性物质的包装上。我们还在我们使用或储存放射性物质的房间或区域的门上放置了这个符号。如果你拍过 X 光的话，很可能已经看到了这个符号。

### 5. 了解不同地方辐射剂量大小

教师向学生解释不同辐射源。

最常用来测量电离辐射的国际单位为毫希沃特（mSv）。我们使用贝可勒尔(Bq) 来测量物质中的放射性含量。我们用戈瑞（Gy）来讨论一个人吸收的辐射能量。低水平的辐射对人的影响不大。高剂量的影响是众所周知的。超过 1000 毫希沃特的辐射照射会引起辐射病。极高的暴露量“超过 5000 毫希沃特”通常会导致死亡。在工业或医药行业工作的人每年最多接受的辐射不得超过 50 毫希沃特。

教师通过幻灯片香蕉案例向学生举例说明不同情况的辐射剂量。

### 6. 核辐射测量小实验

出示任务：由教师介绍核辐射检测仪的作用与使用方法。

执行任务：将学生分组。每组学生测量本底辐射剂量。不同组学生将数据进行对比。

总结与反思：总结环节，教师组织学生讨论。

## 三、课程总结（5 分钟）

辐射是以波或粒子的形式在空间中运动的能量。它是自然界的一部分，从地球诞生之日起就一直如此。它可以分为非电离辐射（低能）和电离辐射（高能）。电离辐射的一些重要形式是 α、β、γ、X 射线等。

在放射性衰变过程中，不稳定的同位素通过发射粒子或能量射线而改变。当一个不稳定的原子衰变时，它还可能变成另一种元素。最终，不稳定的同位素会衰变成稳定的元素。同位素的半衰期是由于衰变而失去一半放射性所需的时间。

人们生活环境中本来就存在的天然辐射叫做本底辐射。也有人为的辐射源。这些包括医疗用途的辐射源，如 X 光、CT 扫描和一些工业产品辐射源，如烟雾探测器。

由于电离辐射可以将位于其运动路径上的原子和分子中的电子撞出，所以电离辐射会引起人体组织的变化。大多数科学家认为低水平的辐射剂量对人的影响微乎其微。如果照射量很低，或者受到辐射时间短，身体通常可以自我修复。然而，如果照射量足够高，就会造成损害。幸运的是，暴露在大剂量辐射照射下是非常罕见的。

使用时间、距离和屏蔽的方法将辐射工作人员的辐射剂量降到最低：缩短照射时间；增加与辐射源的距离；增加屏蔽。

第五章

# 05

# 裂变

## 课程介绍

我们已经了解了原子核是如何储存能量的，不稳定的原子是如何发生衰变并释放能量。在核电厂中，我们利用核裂变与核链式反应产生能量而发电。在这节课中，我们将围绕核裂变与链式反应展开。我们也会一起探索如何制造核燃料。

## 课程目标

完成本课后，学生将具备以下能力：

掌握裂变的概念；

绘制核链式反应图；

解释如何从地球上获取铀矿石，并将其加工成核燃料；

解释需要浓缩铀的原因。

## 课程时长

90 分钟

## 课程教具

铀矿石模型

# 教学过程

## 一、导入（5分钟）

阐述课程将涉及内容：利用链式反应发电，核燃料的制作。

## 二、学生任务（30分钟）

### 1. 掌握裂变与链式反应的概念

**教师向学生解释什么是裂变。**

当中子轰击例 $^{235}U$ 的原子核时，原子核将变得更加不稳定并发生裂变。这个过程只需要百万分之一秒的时间。我们最终得到了两个重量较轻的新元素原子，它们被称为裂变产物。同时释放出两个或三个中子，以及大量主要以热能释放的能量。

**接着教师向学生解释链式反应。**

一个原子分裂时会释放能量。但是分裂一个原子并不能产生足够的热量，需要裂变大量的原子以获得足够的热量来工作。这就需要链式反应：当第一个原子被分裂时会同时释放出两三个中子。如果这些中子撞击到其他 $^{235}U$ 原子，这些原子也会裂变，每一个都会释放热量和两个或三个以上的中子。在完全适当的条件下，我们就可以得到大量的原子裂变。当这种情况发生时，它会释放出巨大的热量。这种连锁反应称为核链式裂变反应。

**教师向学生解释链式反应的维持是很困难的。**

保持链式反应实际上是非常困难的。这是因为从每个裂变中释放出的中子并不一定会击中另一个铀的原子核。如果错过的次数多于击中的次数，则链式反应将迅速减慢并停止。

### 2. 了解核电厂如何维持链式反应

**教师向学生阐述核电厂的燃料为 $^{235}U$。**

核电厂的燃料是 $^{235}U$，$^{235}U$ 作为燃料产生的热量来自于数十亿个 $^{235}U$ 原子的裂变，这些热量使水受热，液态水变为蒸汽。这股蒸汽带动汽轮机发电。核电厂和烧煤电厂的主要区别在于产生蒸汽所需热量的方式。其余的是非常相似的。

**教师解释核电厂如何维持链式反应。**

将 $^{235}U$ 的铀燃料块堆积在一起，中子总会碰到 $^{235}U$ 的原子核。

### 3. 了解如何制造铀燃料块

**教师可以通过相关动画影片向学生展示铀燃料芯块的制备过程。**

铀燃料芯块的制备过程大致可以分为几个步骤：提炼铀矿石、浓缩铀燃料、制造燃料芯块。我们特别强调下为什么需要进行铀浓缩。天然铀中 $^{235}U$ 的含量不到 1%，其余大部分是 $^{238}U$。一般核电厂要求 $^{235}U$ 的含量为 4% 左右。这意味着在它被制成反应堆燃料之前，必须在一个叫做浓缩铀的过程中提高 $^{235}U$ 的浓度。

铀中的能量非常集中。铀燃料芯块的重量小于 14 克，这比一个空的铝软饮料罐还轻。每个芯块能释放出与 477 升的油，1 吨的煤炭，或 2.3 吨木材相当的能量。这意味着用很少的铀燃料就可以产生大量的能量以用来产生热量并发电。

每根燃料棒可以容纳约 200 个燃料芯块，约 4 米长。单根燃料棒的 $^{235}U$ 不足以进行裂变链式反应。因此，根据使用它们的发电厂的设计，63~264 根燃料棒被捆绑在一个燃料组件中。反应堆堆芯有 200~800 个燃料组件。当 $^{235}U$ 消耗一定程度时，需要更换部分核燃料，核电厂 12~18 个月更换三分之一的燃料组件。

## 三、课程总结（5 分钟）

当中子撞击 $^{235}U$ 原子核，导致原子分裂时，就会发生裂变，产生两个新的较轻的原子，两个或三个中子，以及大量的能量——主要是以热量被释放出来。如果释放出来的中子击中其他 $^{235}U$ 原子，这些原子可能会裂变。这样，就可以制造出数以百万计的原子核裂变。这一系列事件被称为核链式反应。

核电厂的燃料是铀，一种在世界多地岩石和土壤中发现的致密金属。每吨含有 0.9~1.8 千克铀的岩石被称为铀矿石。铀被开采、碾磨、转化为气体，经浓缩和一系列化学加工，然后制成固体陶瓷颗粒（芯块），堆积在燃料棒中，作为燃料组件捆绑在一起。

铀矿中 $^{235}U$ 含量不到 1%。但是发电厂需要 4% 的 $^{235}U$。铀浓缩过程提高了 $^{235}U$ 的浓度，因为 $^{238}U$ 原子比 $^{235}U$ 原子稍重一点。

除了裂变或重元素原子核分裂之外，科学家们正在研究如何控制另一种称为核聚变的核反应。当氢原子结合在一起（或融合）产生氦原子并释放大量能量时，就会发生核聚变。到目前为止，科学家们能够维持一个可控的、连续的聚变反应的时间只有几分之一秒钟。

## 四、课后拓展阅读：聚变

当较重的元素被分裂时，核裂变的同时就会释放能量。与其相对应的则是另一种反应，核聚变。即当较轻的元素结合在一起，或融合在一起时也会释放能量。当两个氢原子融合形成氦原子时，就会释放出大量的能量。公式 $E = mc^2$ 准确地告诉我们聚变反应释放了多少能量。

用于聚变的燃料丰富，可从海水中提取。但是，利用这种力量面临着巨大的挑战。最大的挑战是如何将氢燃料加热到 1 亿摄氏度，并维持它足够长的时间来进行核聚变。到目前为止，科学家已经能够维持一个控制的，持续的核聚变反应仅有几分之一秒钟。

第六章

06

# 核电

## 课程介绍

大多数发电厂通过热源将液态水加热变成蒸汽，蒸汽推动涡轮机发电。其实核电厂也是这样工作的。在一个核电厂里，原子核分裂释放热量，从而将液态水加热变成蒸汽。这节课将围绕着核电厂内部结构展开。

## 课程目标

完成本课后，学生将具备以下能力：

认识反应堆的部件，包括燃料组件、控制棒、冷却剂 / 慢化剂和压力容器；

解释控制棒是如何工作的；

解释安全壳的用途；

解释传热过程；

描述水是如何输送能量的；

讨论冷却塔的功能和它是如何工作的；

讨论为什么水在流回大海 / 江河前必须先冷却。

## 课程时长

90 分钟

## 课程教具

核电厂乐高模型

# 教学过程

## 一、导入（5 分钟）

阐述课程将涉及内容：核电厂导热，裂变控制，发电的不同结构。

## 二、学生任务（30 分钟）

### 1. 回顾

**教师引导学生回顾核电厂的发电原理。**

对于核电厂而言，原子核裂变产生的热能将液态水转化为蒸汽。蒸汽压力产生的机械能使涡轮发电机运转，从而产生电能。

**教师引导学生回顾核电厂的能量来源。**

核裂变，链式反应。其中核裂变发生在燃料组件中。燃料组件由很多燃料芯块组成。

### 2. 熟悉压水堆核电厂组成

核电厂根据反应堆类型的不同有许多分类。目前，世界上运行最多的核电厂为压水堆核电厂。

**教师通过幻灯片向学生讲解压水堆核电厂一回路的构成。**

控制棒由镉或硼制成，它们通过从反应堆核心插入或拔出，调节或控制裂变速率。当控制棒插入堆芯时，它们会像海绵吸水一样吸收中子，在燃料组件周围保持控制棒可以停止裂变链式反应。把控制棒从堆芯中提出来又可以让反应重新开始。这些行为皆由操纵员通过计算机完成。

水是反应堆的冷却剂。水流过反应堆堆芯，将燃料棒的热量带出堆芯。水在反应堆中还起着另一个重要作用是作为慢化剂。中子与水相互作用后速度会减慢，快中子变为慢中子。这使裂变成为可能。当 $^{235}U$ 原子移动得更慢时，它们更容易捕获中子。用水来减缓中子的速度，就可以让足够多的中子被铀原子捕获，使得链式反应发生。

反应堆周围是一个巨大的钢制压力容器。它容纳了高温高压的水，通过传热来保护反应堆的燃料。

整个反应堆系统被钢筋混凝土制成的安全壳所包围，即可保护反应堆不受外界问题的影响，同时也保证在反应堆出现问题时，保护环境。

**教师通过幻灯片向学生讲解压水堆核电厂二回路的构成。**

在压水反应堆中，第一个回路中的高温高压水流过蒸汽发生器的传热管道，使它们温度升高。当第二个回路中的水接触到这些传热管时，热量就会被传输。这导致第二个回路中的压力更低的水沸腾，当水从液体汽化成蒸汽时，产生压力能。蒸汽压力提供机械能，可以用来做功。

蒸汽压力作用于涡轮机的叶片并推动它旋转。涡轮机的工作原理就像有许多叶片的风车。旋转涡轮机连接在发电机上。发电机将旋转涡轮的机械能转化为电能。

当蒸汽转动涡轮机的叶片时，它失去了大部分的机械能和内能。温度降低，压力下降。在再次使用之前，蒸汽必须冷却回到水中。然后，它可以被抽回通过第二个回路，再加热，然后再次变成蒸汽，以增加气压，再次启动循环。

**教师通过幻灯片向学生讲解压水堆核电厂三回路的构成。**

将蒸汽冷却成水是第三个回路的目的。它从位于涡轮下面的冷凝器开始。在冷凝器中，来自第二回路的蒸汽流过来自湖泊、河流或海洋的满是冷水的管道。蒸汽把热量传递到第三个回路。水不混合。只有热量被传送。

冷却塔是一个巨大的空心混凝土圆柱体。在塔内，来自第三个回路的温暖湖水被喷洒在空气中，并从塔内的阶梯层中滴下来。

热量从水传递到空气中。有些水蒸发了。温暖潮湿的空气在塔内升起。从底部吸入冷空气。一股气流开始从塔顶上流出来。在冷却塔底部收集水，并在第三个回路中再次使用。蒸发的水被更多的河水所取代。

热量和水分以大约每小时 16 千米离开塔顶部进入大气层。从冷却塔顶部冒出来的烟雾实际上是来自湖水的蒸汽。这水从未靠近反应堆。它没有放射性。

### 3. 构建核电厂

**让学生分组。然后每个组绘制核电厂。**

每组学生可分别绘制核电厂的一个部件。然后将这些部件组合成一座完整的核电厂。

## 三、课程总结（5 分钟）

核电厂通过裂变产生热能的方式是独一无二的。然而，热能转化为电能的方式与燃煤电厂基本相同。

在核电厂，核裂变发生在反应堆里。反应堆有四个主要部件：铀燃料组件、控制棒、水（冷却剂和慢化剂）、压力容器。

燃料组件、控制棒和冷却剂 / 慢化剂构成反应堆的核心，称为堆芯。堆芯被压力容器包围。整个反应堆系统都在巨大的安全壳内。

反应堆有独立的管道回路，利用水来输送热能。这些循环中的水从不混合在一起。然而，热能可以从一个回路移动到另一个回路。

在压水反应堆中，第一个回路将反应堆内被加热的水输送到蒸汽发生器。在蒸汽发生器中，第一回路的热能转移到第二回路。

第二个回路通过蒸汽做功将热能输送到涡轮机，并旋转涡轮的叶片。涡轮机连接在发电机上，将旋转涡轮的机械能转变成电。第二个回路中的蒸汽做功后进入冷凝器。在冷凝器中，第二回路中的蒸汽在一部分余热转移到第三回路的水时得到冷却。当它被冷却后，蒸汽从气体变成液态水。

第三个回路包含从河流或湖泊中抽取的冷却水。由于热水会对环境造成危害，第三个回路中的水被抽到冷却塔，在那里热量被排出。有些水以水蒸气的形式蒸发并离开冷却塔。大多数水在第三个循环中再次使用。

第七章

# 07

# 核电厂的乏燃料与放射性废物

## 课程介绍

这一课将围绕核电厂发电产生的乏燃料与放射性废料及其处理方式展开。

## 课程目标

完成本课后，学生将具备以下能力：

了解垃圾分类对保护环境的意义；

掌握核电厂产生的乏燃料与放射性废物的分类与处理方法；

经过妥善处理的废物对环境造成的负面影响将降低到最小值。

## 课程时长

40 分钟

## 课程教具

垃圾分类游戏道具

# 教学过程

## 一、导入（5 分钟）

### 阐述课程将涉及内容：

1. 垃圾分类的方法与意义。
2. 乏燃料与放射性废料的产生，分类与处置。
3. 课程末尾将温习核燃料循环。

## 二、学生任务（30 分钟）

### 1. 掌握废物定义

在日常生活中，我们制造了很多垃圾。想想你的家人一周产生了多少垃圾？想想你一次去快餐店产生多少垃圾？ 它可能包括包装，袋子，吸管，饮料容器和剩菜。在工业生产的过程中也会产生垃圾。这些残遗物被称为副产品或废物。

就像所有行业一样，核电厂也会产生一些副产品。核电厂的一个主要问题是安全地清除这些副产品。核电厂副产品的问题不在于其产生的数量，与其他工业的副产品数量相比，这是相当小的。问题是一些核电厂副产品具有放射性。这意味着处理这些副产品需要特别注意保护工人、公众和环境。

### 2. 垃圾分类

出示任务：教师解释游戏规则。主要解释不同卡片代表的含义。

执行任务：每组学生尝试分类卡片上的垃圾。

总结与反思：教师组织学生讨论总结。

### 3. 核电厂的乏燃料与核废料分类

当你在学校食堂吃完午餐后，你会把托盘和所有的东西都扔到一堆里，让别人以后再去处理吗？回答是“不会”。有一个地方放托盘，另一个地方分类菜，和一个大桶。你的垃圾进了垃圾桶，甚至可能有单独的地方放置可回收的垃圾。为什么有这么多方法可以处理午餐后剩下的东西？因为最好用不同的方式处理不同的废料。

核电厂产生的废料也是如此。每种废料都有一种特殊的处理方法。它的处置方式取决于：废料的放射性大小；废料的半衰期；废料的物理和化学形式。

**根据废料放射性的大小，可将废料物分为高放射性与低放射性废料：**

低放射性废料：低放射性废料包括被放射性物质污染的物品。这些废物包括鞋套、拖把、水和空气过滤器、清洁抹布、实验室用品、破损的工具、手套和用过的防护服。除了核电厂，在医院，医生使用辐射或放射性材料的医疗程序时，许多操作都会产生低放射性废料。许多公司也使用放射性材料，并有低放射性的废料需要处理。

高放射性废物：核反应堆内产生的高放射性副产品，它可以是：乏燃料（用过的燃料）；从乏燃料回收后剩余的废料。

每个换料周期，反应堆中约三分之一的燃料组件被更换为新组件。从反应堆中取出的燃料称为乏燃料。

### 4. 低放废料处理

低放射性废料被密封在容器中，并被运到一个有许可证的处置地点。这些容器被放在地上，上面覆盖着泥土。然后，一个用土壤和黏土做成的“盖子”被放置在现场。盖子使场地保持干燥。该站点使用能够检测辐射的传感器进行监测。工作人员和监管机构还定期检查露天且放满废物罐情况下场址以及场址边界周围的辐射水平。

### 5. 乏燃料处理

乏燃料在第一年放射性衰变时，产生大量热量。核电厂将其储存在反应堆附近的一个称为乏燃料池的水池中。水池通常有 12 米深。在这里，水既可以冷却乏燃料，也可以屏蔽辐射。在储存过程中，乏燃料通过放射性衰变而降低了放射性。存放一年后，99% 的放射性物质衰变消失了。但几千年内它仍然具有放射性。

一些核电厂使用干式圆筒储存乏燃料，这些乏燃料是已经在乏燃料池中冷却过后的。圆桶通常是焊接或螺栓封闭的钢瓶。钢制的圆筒为乏燃料提供了一个密封的储存装置。更多的钢，混凝土或其他材料包围每一个圆筒，以提供辐射屏蔽。

部分乏燃料可以回收再用作反应堆燃料。这就是所谓的再处理。当 $^{235}U$ 不足以引发链式反应时，乏燃料就会从反应堆中取出。然而，它仍然是 95.6% 的未使用铀，包括 1% 的 $^{235}U$。它还含有反应产生的钚。$^{235}U$ 和钚可以被回收用于制造新的反应堆燃料。

目前，美国已决定不进行核燃料回收。原因之一是后处理的副产品是钚，必须采取保障措施，因为钚可以用来制造武器。另一个原因是，再处理成本高昂。

如果我们没有重新处理乏燃料，那么它将被视为高放废料。如果我们重新处理乏燃料，仍然会有一些需要处置的高放废料。

核技术人员可以将高放射性的废料封存在重金属罐中，然后将其埋在深地质储存库中。确保形成一个干燥稳定的岩层，起屏蔽作用。

原因之一是后处理的副产品是钚，而钚是制造核武器的重要原料，必须采取严格保障措施，以防止核武器扩散的潜在可能。另一个原因是，再处理成本高昂，经济性较差。

需要特别强调的是，乏燃料是指使用过的燃料，并不是核废料。它好比一个精力充沛的人，经过一番高强度的运动之后，有点乏力了。

### 6. 核燃料循环

使用铀发电的所有相关步骤都被称为核燃料循环。燃料循环从开采铀矿开始，以放射性废物处理结束。燃料循环包括提炼铀、浓缩 $^{235}U$、制造燃料、在反应堆中使用、贮存乏燃料、回收利用和处置废物的所有步骤。从事核能工作的人仔细管理燃料循环的每一步，以保护公众和环境。

## 三、课程总结（5 分钟）

和所有工业一样，核电厂也产生废物。有些废物具有放射性，需要特殊的处置方法。

核能产生的大部分放射性废物是低放射性的。通常，它密封在钢桶里并埋在有许可证的放射性废物处置场所。

当反应堆不能有效地支持裂变时，核燃料就会被从反应堆中移除。来自发电厂的乏燃料可以被认为是高水平的废物。乏燃料储存在水中 – 反应堆附近的乏燃料池冷却，并进行放射性衰变。在乏燃料池中放置一两年后，乏燃料可以从池中取出并储存在干燥的钢桶中。

乏燃料的可用部分可以通过一个叫做后处理的过程回收，高放射性的废物需要永久隔离，因为它几千年内一直具有放射性。乏燃料和再处理后留下的高放射性废物需要在距离地球表面很深的地质储存库中隔离。

按照垃圾分类的原则，核电厂产生的乏燃料与核废料可以称为有害垃圾，当有害垃圾进行严格的处理之后，对环境的影响可以尽可能的降低至可以接受的范围。相反，普通的生活垃圾如果不经处理的话，也会对环境产生恶劣影响。

第八章

# 08

# 核安全

## 课程介绍

核能是电力来源之一。确保核电厂安全可靠至关重要。这一节课将围绕核安全与三大核事故展开。

## 课程目标

完成本课后，学生将能够：

了解确保核安全的措施；

辩证了解三大核事故；

从核事故中获得启示。

## 课程时长

45 分钟

## 课程教具

相关动画片

# 课堂任务

## 一、导入（5 分钟）

1. 阐述课程将涉及内容：核电厂内确保核安全的不同措施，三大核事故，对核电发展的启示。

## 二、学生任务（30 分钟）

### 1. 初步理解核安全的重要性

“安全第一”是核电发展的生命线。反应堆中燃烧过的燃料具有巨大的放射性。尽管核电厂正常运行时释放的辐射很少，但为防止事故状态下可能的放射性物质外泄，因此需要做好核安全工作。安全包括保护在核电厂工作的人以及住在附近的人。它还包括保护环境和发电厂本身不受损害。安全是每个员工的责任。

### 2. 了解保证核安全措施

学生需要了解，在核电厂，确保核安全的第一步是正确选取核电厂建设地址，严格根据规章建设核电厂。接着，核电厂中的冗余系统，核电厂定期在役检查，专业部门周边检测与预警进一步确保核安全。

教师引导学生回顾核电厂三道安全屏障，并强调核电厂工作接受的辐射剂量是非常低的。

### 3. 了解三大核事故

教师利用幻灯片中的视频与文字为学生讲解三哩岛事故，切尔诺贝利事故以及日本福岛事故。

学生自由发表看法。教师再一次强调核安全的重要性。

### 4. 核事故启示

了解三大核事故后，学生自由发表保证核安全可以采取的措施。

接着教师根据幻灯片给出若干建议。并强调风险评估的重要性。可以通过课后小作业让学生进一步了解风险评估。

## 三、课程总结（5 分钟）

核电厂建设与运行中，安全是首要考虑的问题。首先需要保证核电厂选址可靠。接着，核电厂的设计需要保证核电厂能抵御自然灾害，包括火灾、洪水、龙卷风、海啸和飓风等。核电厂需要定期检查以进一步确保安全。因此需要相关人员通过培训熟知如何检查核电厂，并在紧急情况下给出应对措施。

核电厂曾发生过著名的三大核事故：美国三哩岛事故，苏联切尔诺贝利事故以及日本福岛事故。事故的发生警示人们应该加大核安全保障的力度。事故发生已经成为不可更改的历史，在历史中总结经验教训，时刻受到警醒，使得我们的技术向着更高的核安全标准发展。

# 下篇

科普小读物

第一章

# 01

# 能量之源

## 第一节 能量与能源

试想一下，当清晨的闹钟把你叫醒，你拉开窗帘，阳光洒满整个房间，你舒缓地伸伸懒腰，准备迎接崭新的一天。妈妈开始了一天的忙碌，用微波炉热了牛奶，又在燃气灶上煎了鸡蛋，还准备了你最爱吃的面包，以及香甜可口的苹果。你吃完丰盛的早餐，一下子觉得精力充沛、能量满满。当你背上书包，准备骑车上学时，妈妈告诉你，她可以开车送你去学校。一想到乘坐汽车上学可以节省一些体力，你开心地跟着妈妈出门了。

### 不可或缺的能量

不知你有没有发现，以上你所经历的一切都使用了能量。比如闹钟的机械能、微波炉的电能、燃气灶的热能、燃烧汽油产生的化学能等，当然，还有一种能量是你无法忽略的，那就是你的“体能”。

人们在生活中所做的任何事都需要能量，当外界提供的能量不足时，我们就只能依靠自身“体能”。

一个人的体能并不是与生俱来的，只有当我们吃饱喝足时，才有力气干活。所以，是食物给我们提供能量。

而食物中的能量也不是无中生有的。比如你喜欢的瓜果蔬菜，需要吸收充足的太阳光，转化为能量，它才能生长发育，结出美味的果实。所以，是太阳给食物提供了能量。

### 能量的来源

太阳释放的光和热，为地球生物提供了许许多多的能量。像太阳这样为人类提供能量的自然资源，我们就称之为能源。

《中华人民共和国节约能源法》中对“能源”的解释为，是指煤炭、石油、天然气、生物质能和电力、热力以及其他直接或者通过加工、转换而取得有用能的各种资源。

能源可以按照来源及产生进行不同的分类。我们这里按照产生来分类，如图 1-1 所示。

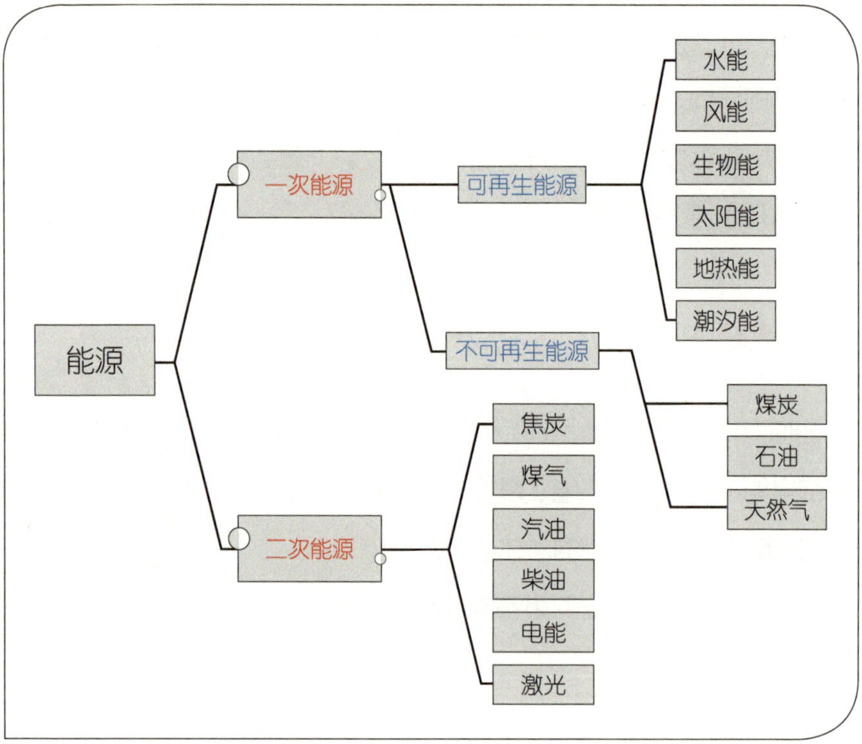


图 1-1 能源分类图

随着社会的进步，人们生活品质的提高，我们对能源的依存度也随之变大。在人类的发展历史上，能源扮演着主导角色，可以毫不夸张地说，人类的大历史就是伴随能源的发展史而发展的：是能源使人类从亿万生物中脱颖而出、一骑绝尘，最终登上了生物金字塔的顶端；每一次技术革命都伴随着新能源的开发与突破，是能源使人类过上了不再单纯依靠人力、畜力的现代化生活；为了争夺有限的能源，还有一些国家不惜发动世界战争；而科学家们为了给人类开发出用之不竭的“最佳”能源，甚至不惜献出宝贵的生命……

接下来，我们将从远古时期开始，一道去探究人类和能源之间的故事，通过对历史的考察，我们还将一同预测未来能源，思考人类命运。下面，你将坐上时空穿梭机，穿越数百万年回到原始丛林，与人类祖先一同寻觅能量之源吧。

## 第二节 人类能源史（上） 点亮人类文明的曙光

### 史前时代的食物

无论何时，食物都是人类赖以生存的能量来源，尤其对史前时期的人类来说，食物几乎是唯一的能源。当农耕、畜牧出现之前，原始人只能通过采集果实、狩猎动物等方式获取食物，此时的人类，与一般的哺乳类动物无异。

原始人为了获得食物，不得不和凶猛的野兽争抢猎物，同时还要躲避猛兽的追捕、谨防有毒的植物。在这样恶劣的环境下，原始人的生存率很低，寿命也很短。由于营养跟不上，也没有时间思考，原始人的智力发育非常缓慢。尽管人类很早便早学会了使用武器，但因体型和速度都不占优势，因此并未在食物链中占据优势。史前人猿生活场景如图 1-2 所示。

图 1-2 史前人猿生活场景

## 来自大自然的惊喜

某一天，天边一声巨响打破了夜晚的宁静，天空中电闪雷鸣，大地被照得亮如同白昼，霎时间森林里窜起红光烟雾，很快，整片森林便淹没在了茫茫火海之中。没错，闪电击中了森林，点着了干燥的树枝，引发了森林大火。惊慌的动物们并不知道这一自然现象，四下逃窜中，有的动物逃离了火海，但有的却被大火吞噬。当随之而来的大雨浇灭了森林之火时，一切又归于平静，幸存的原始人迷惑的走出洞穴，当他们发现被大火烤焦的野猪时，灵敏的嗅觉立刻让他们两眼放光："啊，好香啊！"面对从天而降的食物，他们连皮带肉的撕扯下烤猪腿大快朵颐，没有想到的是，上天不仅赐予了他们食物，还附赠了一个更大的惊喜——烧焦的野猪比生吞猪肉美味多了！这时，有人看了旁边还在燃烧的小火苗，便好奇的伸手触碰，被烫到后，便惊恐的缩了回去，当他们再次小心翼翼的靠近火苗时，很快有人意识到，让野猪如此美味的原因——难道是因为这个？

## 火图腾

当森林大火数次发生以后，原始人逐渐意识到了火的威力——它能产生光，将物体照亮，还能吓跑虫蛇鸟兽；它能产生热，温暖身体，还能将动植物烧焦烤熟，使炙烤过的食物更加美味；风和水能将火苗熄灭；有时，无情的大火能将所有的生物迅速烧死。

族群的首领对着上天嗷嗷大叫，原始人围着火苗跳起舞来，最后由族群的智者将火苗小心的保护起来。火成了部落族群最宝贵的资源，他们视火为生命，甚至比生命还重要，火就是他们的图腾。人们坚信，火是大自然赐予他们最珍贵的礼物。

## 智慧之光

当原始人学会了使用火，便有了更丰富的食物来源，因此，百万年为来都在为生存而奔波的人类，第一次有了时间去思考“如何提高生活质量”，智力也得到飞速发展。于是，畜牧业出现了。

掌握“火种”的人类开始驾驭其他动物，并从其他动物那里获得能量，比如驯化马作为坐骑，驯化牛来耕田，有了畜牧的助力，人类逐步进入到农耕时代。

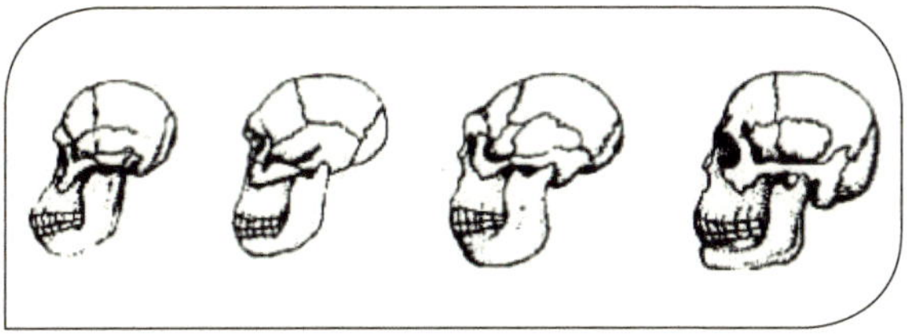

图 1–3　头骨变化

与此同时，人类的面部特征也发生了变化：用火烹制过的食物变得更容易咀嚼，所以原始人的牙齿变小了，下颚退化了。也因为有了更多的时间思考，人类的脑容量增加了，所以颅骨变大了，从外形上看，更接近现代人了（见图 1–3）。另外，煮熟的食物给人类提供了更多的营养，同时，许多寄生虫、细菌、病毒也被高温消灭，因此，得到更多能量的人类，寿命延长了，生命力也更加顽强了。

现在，我们通常认为距今约 400 多万年前，开始学会使用工具，使原始人类完成了从猿到人的转变，而考古学家发现，人类最早使用火的时间大约是在距今 100 多万年前。也就是说，人类祖先经历了长达 300 多万年的等待，直到使用火，才真正开始了快速的进化过程。

虽然在严格意义上说，火并不是一种能源，它是能源物质燃烧时产生的发光发热现象，但是火对人类发展的意义，不亚于任何一次能源革命。

## 第一次能源革命之人造火种

原始人已经清楚的意识到火的神奇之处，他们小心保存火种的同时，也开始尝试制造火种。通过对自然现象的细致观察，他们想出了许多造火的方法，比如钻木取火（见图 1–4）、敲击打火石取火。他们不再碰运气的搜集火种，而是熟练掌握造火方法。伟大的哲学家恩格斯曾评价，钻木取火使人类第一次拥有了支配自然的力量。因此，人造火种被称为第一次能源革命。

为了延续火种，原始人逐渐学会了使用木材，还制造了火炉。但仅仅依靠这些方法获取能量，效率很低，稳定性差。有时非常费力点燃的柴火堆，风一吹就熄灭了，而有时由于火势无法控制，又会引发火灾。更重要的是，生火需要耗费大量木材，为了争夺部落周围有限的木材资源，部落之间常常发生斗殴和战争。

图 1-4　钻木取火

这个时期的原始人，已经有了开采能源的意识。

## 木炭为王

又经过了近百万年漫长的摸索，他们发现木材燃烧后留下的木炭，能保持更持久而温和的燃烧，从而产生更稳定安全的能量。于是，聪明的人类也从生活实践中，逐步摸索出了制作木炭的办法。值得一提的是，他们还会用粪便来做燃料，效果也很不错，尽管气味不怎么好。

借助木炭带来的能量，一些能量损耗较大的行业得到发展，比如冶金术、陶瓷业和酿酒业。人类文明也得以步入新时期。

如果说使用火让我们的祖先区别于一般动物，那么，制造火，则标志着人类进入了文明时代。木炭，则是人类历史上最早发现，并大规模使用的能源。直到现在，木炭依然是某些偏远地区的主要能源。

脑洞大开

当我国古代的周朝执政者意识到木炭是重要能源时，便下令木炭不能由人民随意制造和使用，必须由国家管控。你知道周王朝为什么要这样做吗？如果能源掌握在个人手中，会引发怎样的后果？

STEM 动手算

木炭需要通过干馏木材的方式制取，已知 3 斤木材能干馏出 1 斤木炭，而干馏过程需要消耗 3 斤木材，请问，要获得 100 斤木炭，需要多少斤木材？为了获取这些木材，需要耗费多少体力？

## 搭上历史的云霄飞车

从制造火，到首次大规模使用能源，人类花了大约 100 万年。而引入木炭做为主要能源的古代，直接将农业社会步入工业社会的时间缩短到了一千多年。相较于原始人长达百万年的漫长进化，能源使人类前进的步伐大大加快。随着能源效率的提高，接下来，历史将进入快车道，快得如同云霄飞车。

## 第二次能源革命之蒸汽时代

随着人类文明的不断进步，能源的需求量也不断加大，为了获得更多的木炭，树木遭到大量砍伐，各国为了争夺资源，经常发生冲突甚至战争。事实上，木炭生产的速度永远也赶不上消耗的速度。尤其是到了 18 世纪中期，当瓦特发明了新式的改良蒸汽机后，欧洲市场上便掀起了一股动力狂潮，工业革命随之爆发，蒸汽时代拉开了工业革命的序幕。

改良蒸汽机的热转换效率较高，动力强劲，能驱动许多复杂机械。回看这一段历史，足以成为人类文明史上的璀璨明珠——强力纺织机、蒸汽轮船、蒸汽火车、燃气轮机都是在这一时期发明的。直到今天，瓦特的改良蒸汽机模型依然被人们广泛应用在各种动力设备中。它的原理是利用热能把水加热，形成水蒸气，水蒸气推动活塞运动做功，从而将热能转换为机械能。蒸汽作为二次能源，逐渐主导了世界工业（见图 1-5）。

图 1-5 蒸汽机模型

## 供不应求的木炭

根据前面的知识我们已经得知，蒸汽是二次能源，蒸汽机需要消耗大量的一次能源，当时世界的主要能源还是木炭，木炭的热转换效率很低，再加上瓦特改良蒸汽机的能量转化效率也很低，所以木材的消耗越来越大，很快，能源危机出现了。人们迫切的需要更高效更丰富的能源。

## 粉墨登场的煤炭

那么什么是可以代替木炭的“新”能源呢？答案就是埋藏于地下的煤炭。

据可以考证的历史资料显示，早在公元前 1100 年，中国人就发现煤炭也能如木炭一样点燃，并将他作为燃料，用于取暖和照明。但由于煤炭深埋于地下，不像木材那么容易获得，因此开采煤炭比制造木炭的难度大得多，所以当工业革命到来之前，主观上人们并没有那么大的动力去开采煤矿，客观上也没有像蒸汽机这样的动力设备去帮助人们开掘煤矿。伴随着蒸汽时代的到来，人们开始大力开发煤炭资源，于是，人类历史上的第二次能源革命爆发了。

当煤炭替代木炭成为西方国家的第一大能源以后，迅速带动了钢铁、冶金、铁路、军事等各行各业的发展，大大促进了西方工业化进程，从而使得西方经济迅速提升，世界格局也发生了变化。率先完成工业化革命的西方各国迅速崛起，为了扩张版图，获取资源，他们四处征战，许多尚未进入工业化或工业化程度不高的国家，纷纷沦为殖民地。世界各国对能源的渴求越发强烈。图 1–6 为开采煤炭现场图。

图 1-6　开采煤炭场景图

## “电气时代”来临

随着时间推移，进入到了 19 世纪，英国科学家法拉第经过长达十年的实验，在一次偶然间发现了“电磁感应”现象。利用这一现象，能将机械能转化为电能，发电机得以产生。同时，卡特发明的内燃机解决了工业上因动力不足造成的各种限制，蒸汽机作为驱动的发电机很快问世，第二次工业革命随之爆发，西方世界从“蒸汽时代”跨越到了“电气时代”。

一时间，西方国家进入了工业文明的黄金时代。电话、电灯、电车、电影放映机相继出现。电能——这一更便于输送和利用的二次能源成为划时代的标志，也彻底拉开了西方国家和其他地区的差距，并为帝国主义的崛起和侵略埋下了伏笔。

关于电能的重要性，你只需做个小实验就能理解：晚上在家时，把家里所有的电源开关全部关掉，等上两小时，看看会发生些什么。当然，前提是你的家人同意你这么干。

## 更多更多的石油

与第二次能源革命的情况如出一辙，人们不再满足于煤炭提供的能量，开始着眼于更高效、更丰富，也更易运输的能源。石油，应运而生。

进入电气时代的人类社会以一种空前的速度向前发展，石油的全球消耗量迅速提升。各国都很重视石油的开采，为了获得更多的石油，美国兴起了一股石油“淘金热”。贪婪的人们想要更多更多的石油。

为了争夺石油，引发了许多国际战争。历史上的第一次能源危机和第二次能源危机，都是为石油而战。直到今天，石油依然是使用最广泛的能源之一，也不断充当着战争的导火索。

## 化石燃料的前世今生

煤炭、石油都属于化石燃料，是由死去的有机物和植物在地下分解而成的，化石燃料的形成通常需要经过几千万年，甚至几亿年，因此我们说化石燃料是不可再生资源。

如果人类继续没有节制的使用化石能源，迟早要面临能源耗尽的危机。

除此以外，由于化石燃料燃烧时会产生大量二氧化碳等温室气体，因此造成了严重的环境问题。如今，全球气温逐年升高，南极的冰川每年都在加速融化，因气候变化，大量的动植物濒临灭绝。而煤和石油的衍生品，比如塑料垃圾更是给人类带来了持续且不可逆的危害。

人们终于意识到，必须寻找可再生能源来补充和替代化石燃料了。那么，地球上是否存在更清洁而高效的能源呢？

•小知识•

## 势在必行的减排运动

今天，世界各国已经意识到碳排放将会带来的灾难性后果，开始倡导低碳经济和节能减排。对个人而言，这意味着我们每一位地球公民都有责任和义务尽可能的节约能源，比如随手关灯，节约用水，尽量乘坐公共交通工具出行，杜绝浪费粮食，等等。减少一切你能想到的不必要的开支，都是节能减排的好方法。但是对国家而言，事情却不那么简单。

“低碳经济”虽然最早是由英国提出来的，但要知道，从工业革命到 1950 年，发达国家的二氧化碳排放量占到了全球总排放的 95%。当发达国家纷纷将高能耗、重污染的工业转移到发展中国家时，发展中国家一方面为了加快经济建设而提高能源供给与产出，另一方面却不得不面对来自国际社会，尤其是发达国家关于碳排放的谴责。

这听上去似乎不大公平，但本着“人类命运共同体”的原则，中国还是主动承担起了大国责任。在 2009 年的哥本哈根会议上，中国承诺到 2020 年二氧化碳排放量将比 2005 年下降 40%~45%，降低煤和石油等化石燃料的能源占比。

这意味着，我们需要探索新的能源方向，降低对化石燃料的依赖。这对中国乃至世界来说，都将是全新的尝试与挑战。

# 第三节　人类能源史（下）　能源史的新篇章

## 能源争夺战

人类历史上岁月静好的日子其实并不长久，因为太阳带给我们的能量总是有限的，为了追逐能源，各国之间不断爆发冲突和战争。到了 20 世纪初，完成了第二次工业革命的西方帝国纷纷崛起，更是将能源争夺战推向巅峰，其中最具标志性的历史事件便是第二次世界大战。

1939 年，第二次世界大战爆发（见图 1–7），德国、日本、意大利三个法西斯轴心国发动了从欧洲到亚洲，从大西洋到太平洋的侵略战争。与此同时，一场高度保密的武器研制大战也在德国与美国之间无声的展开。

图 1–7　二战掠影

## 原子中蕴藏的神秘能量

图 1-8 镭在暗室中发出的荧光

早在 1895 年，德国科学家伦琴在一次偶然间发现了 X 射线，很快，法国科学家贝克勒尔在铀盐中发现了放射性现象，三年后，法国科学家居里夫妇在此基础上发现了放射性元素，这个神秘的元素源源不断地向外界释放能量射线，吸引了无数科学家为之着迷，由此揭开了原子的神秘面纱，核能横空出世。图 1-8 为镭在暗室中发出荧光的图片。

到了 1938 年，德国科学家哈恩终于证实了原子的核裂变反应，反应释放出惊人的能量——新产生的能量比入射能量大 600 万倍，数值符合爱因斯坦提出的质能方程 $E = mc^2$。换句话说，原子核裂变产生的能量都包含了光速的平方值。更确切地说，1 千克铀燃料产生的能量约等于 2700 吨煤炭完全燃烧产生的能量。这意味着，核能这种新能源具有极高的能量密度（物质单位体积或质量中储存能量的大小）。谁掌握了核能，谁就拥有了取之不尽的能源。

## 终结之战

在那个战乱纷飞的年代，政治家立刻意识到，巨大的能量可以用在军事上，制造杀伤性武器——原子弹。毫无疑问，谁拥有了原子弹，谁就将赢得战争的胜利。当时技术实力最强的两个大国，德国和美国，迅速投入了原子弹的研发。由于德国和美国在二战中分属不同阵营，谁先造出原子弹将决定人类命运——毁灭或是重生，在此一举。

最终，在英国特工的帮助下，德国的原子弹计划戏剧性地宣告破产，美国率先完成了原子弹试爆实验，并于 1945 年 8 月 6 日，在日本广岛投下了人类历史上的第一颗原子弹“小男孩”，又于 1945 年 8 月 9 日在日本长崎投下了第二颗原子弹“胖子”。负隅顽抗的日本付出了惨痛而沉重的代价，6 天后便宣告投降，惨绝人寰的第二次世界大战也终于落下帷幕，天下终于回归平静（见图 1-9）。

图 1-9　原子弹爆炸和战争结束

关于原子弹的来龙去脉已是公开的秘密，很多资料都有记载。从这些资料中，我们能够感受到，原子弹的威力远远超出了一般人的认知，仅仅装有 10 千克铀燃料的“小男孩”，产生了相当于 1.25 万吨 TNT（三硝基甲苯，一种烈性炸药）的爆炸当量。它产生的巨大冲击波，让城市顷刻间夷为平地，而它释放的核辐射，也让许多当地老百姓遭受了非人的折磨。

## 不战而威的核武器

战争结束后，领教了核能威力的各国，都开始紧锣密鼓的研制原子弹。直到今天，除美国、俄罗斯、英国、法国和中国外，以色列、印度、巴基斯坦、朝鲜都相继展开研制原子弹的工作。原子弹的威力让各国意识到核战争没有赢家，核武器让各国相互制约，从另一个角度维护了世界和平——这就是核威慑的力量，原子弹成了不战而威的核武器。

## 第三次能源革命之核能的利用

核能与化学能之间的巨大差异，无疑翻开了人类能源史的新篇章，这正是我们所说的第三次能源革命与第三次科技革命。

和平年代，人们开始利用核能供热发电，作为军用潜艇、航母的动力源；建造核电厂，让千家万户用上了清洁而稳定的电源。核能发电所需的资源总量较化石燃料大大降低，更重要的是，核能生产的过程不排放任何有毒有害气体污染环境，也不排放二氧化碳加剧温室效应。同时，核电的功率十分稳定，无论对大型工业，还是居民用电来说都十分重要。所以说，核电是一种绿色、稳定的友好型能源。

如今，部分发达国家主要依靠核能发电，比如法国的核电占比超过全国发电量的 70%，同时它还将核电输送到许多相邻的欧洲国家，创造了国家财富。

1991 年，中国大陆第一座核电厂建成了，就是位于浙江省海盐县的秦山核电厂（见图 1–10）。到 2018 年年末，秦山核电基地拥有 9 台发电机组，安全运行 118 堆年（一座核反应堆满功率运行一年为一堆年），每年稳定发电量约 500 亿千瓦时。减少二氧化碳排放量两千万多吨，为我国华东地区的经济发展做出了重要贡献，使上海成为了世界著名的不夜城。

图 1–10　美丽的核电厂

同时，聪明的科学家不仅将核能作为动力源，也将核技术应用在了各行各业，从而造福人类。

核能为什么这么厉害？相信此时的你一定会有很多疑问，比如原子核到底是怎么产生能量的？核潜艇、核动力航空母舰是怎么运行的？核电厂会不会像原子弹一样爆炸？核能技术是不是离我们很遥远？

在接下来的章节中，我们将层层揭开核能的神秘面纱，带你进入一个如宇宙般璀璨的微观世界，你将被物质蕴藏的惊人能量所震撼；也将近距离对话那些科学巨人，比如居里夫人、卢瑟福等；你还将走进宏伟而美丽的核电厂，寻味核电厂周边的美食；最后，你将会了解到，原子核发出的放射性射线其实无处不在，早已融入了我们的生活。阅读此书的你，需要像科学家一样清醒而冷静的思考。你对核能了解越多，就越能发现核能的神奇与美妙。

第二章

02

# 原子的探秘之旅

## 原子和宇宙

迄今为止，科学界最令人着迷的研究主要集中在两个方向：对宏观宇宙的探索，以及对微观世界的剖析。前者有着我们视野不可及的边界，而后者则是我们看不见摸不着的宇宙。

当你走入物质的微观世界，你会立刻发现，无论多小的物质，哪怕一粒灰尘、一片头皮屑，或是单细胞生物都由无数分子构成，分子又由更小的原子组成。原子的数量之多，如同那无以计数的浩瀚星辰。当你继续走进原子的世界，你会惊奇的发现，原子内部竟然空空如也，这与宇宙空间的广袤无垠又是何其相似。当你见识过核能的威力，你会越发相信，这和宇宙爆炸几乎没有区别。

至于两者为什么有这样的相似与联系，只要了解了地球的形成你就会明白。

很久很久以前，宇宙中一颗古老的恒星正逐渐步入衰亡，她将大量含有重元素的尘埃和气体抛向太空，而这些尘埃和气体经过漫长的岁月，又重新聚集在一起，逐渐形成了新的星球。无论你是否相信，地球就是这样形成的，地球上所有的物质都包含着宇宙碎片，而你我，都是宇宙星尘。

# 第一节 发现原子

## 搭建物质世界

还记得小时候玩的积木吗？一个个大小相近的小木块，在你的巧手下垒出了高塔、城堡。你也一定玩过乐高，利用相似的基础颗粒，在各种巧妙的拼搭下，变幻出不同的造型，只要你愿意，甚至可以搭建一座属于自己的世界。

而我们的现实世界是由什么组成的呢？蓝天白云、山川湖泊、房屋建筑，以及数不尽的生命体，等等——我们将此统称为物质。

和你搭建的模型一样，世界上所有的物质都是由基本粒子组成的。原子，正是构成物质的最小单元（见图 2–1）。

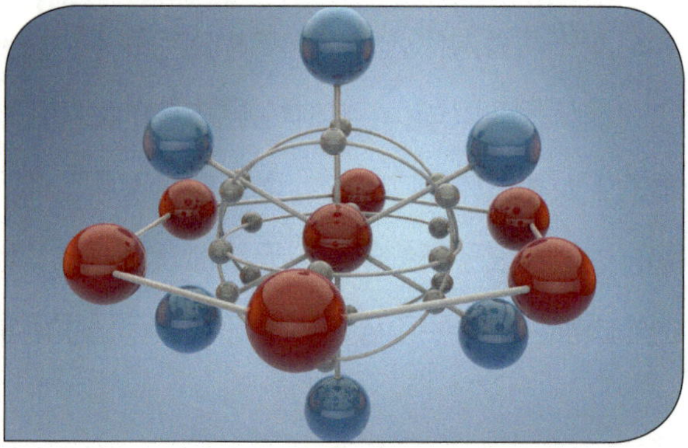

图 2–1 积木与原子

在上一章中，我们已经初步见识了核能的威力，为了弄明白小小的原子核为什么会产生如此惊人的能量，下面，我们将再次启程，踏上原子的发现之旅。你会和古希腊哲学家、近现代物理学家们一道揭开原子的神秘面纱，看他们如何化身大侦探福尔摩斯，层层推理、剥茧抽丝，最终接近真相。你会结识科学史上最伟大的科学家，也会被他们近乎疯狂的倔强折服，如果有机会和他们促膝交谈，你一定会惊讶于他们天马行空的想象力。当然别忘了，我们此行的主要目的，进入原子内部，探秘核能产生的原理。你会发现，原子中包含的每一种粒子都有自己的个性，在产生核反应的链条上，发挥着不可替代的作用。他们平素维系着和谐的状态，而一旦受到刺激，便会一发不可收拾。好在，聪明的人类想出了制服他们的办法，于是，继钻木取火之后，人类再次掌握了支配自然的力量，获得了一种全新而强大的能源——核能。

## 古人的哲思

在先进的实验设备被发明出来以前，人们对物理世界的认知主要基于肉眼的观察。古希腊哲学家无疑是最有智慧的一群人，他们仅凭想象便对许多自然现象的运行规律和原理做出了推测。有些结论尽管在当时无法被证明，但放到今天依然四海皆准。

早在公元前 400 多年前，一位叫做阿纳克萨格拉的古希腊哲学家便设想了原子的存在，他的学生德莫克利特发展了他的思想，并创立了古代原子论。

当时的原子论提出，原子是组成物质最小的实体，它非常小，不能被继续分割，肉眼也看不见。原子是实心的，而原子运动的场所则是“虚空”。

德莫克利特对此留下了充满哲思的语录——“我们的世界充满冷暖苦乐和万千颜色，但事实上，万物只是一堆原子和虚空。”（见图 2–2）

图 2–2　得莫克利特雕塑与硬币

为了纪念这位智者，今天的希腊硬币上印着他的头像。而原子的英文名atom，正是源于希腊语，意为不可分割。

对了，德莫克利特和你一样，十分热衷于搭积木的游戏。

## 牛顿的困惑

当然，热衷于搭积木的不只古希腊哲学家，还有被苹果砸中的著名科学家牛顿。牛顿是经典物理学的奠基人，说他是物理学的“巨人”也不足为过。但他却花了近三十年的时间，试图用构建普通铁器的积木搭起一座黄金城堡。结果显而易见，他并没有成功。

尽管现在我们觉得不可思议，大科学家怎么会像江湖术士一样做着点石成金的白日梦呢？但在古代，这样的炼金术却十分盛行，人们无法理解构成物质的“原子”和积木之间的根本区别，直到道尔顿的科学原子论诞生。

## 科学原子论

1803 年，英国化学家道尔顿发表了他的观点：

每一种化学元素都由一种特定原子构成的，原子是化学变化中的最小单位，不可再分；不同原子的质量和性质各不相同，不会因化学变化发生改变。原子就是最小的实心球。

这一理论合理的解释了为什么牛顿的炼金术（见图 2–3）永远不会成功，因为铁元素的原子积木，永远都不能靠化学反应化铁成金，变成黄金原子。道尔顿为原子赋予了真实存在的意义，而不再只是哲学思辨层面的意义（见图 2–4）。

至此，科学原子论正式开启了化学这门学科的新时代，道尔顿也被后人评价为近代化学之父。

虽然道尔顿的原子理论已经拥有了划时代的意义，但他的原子—实心球模型却在一个世纪以后，被物理学家用实验推翻了。

图 2–3　炼金术士符号

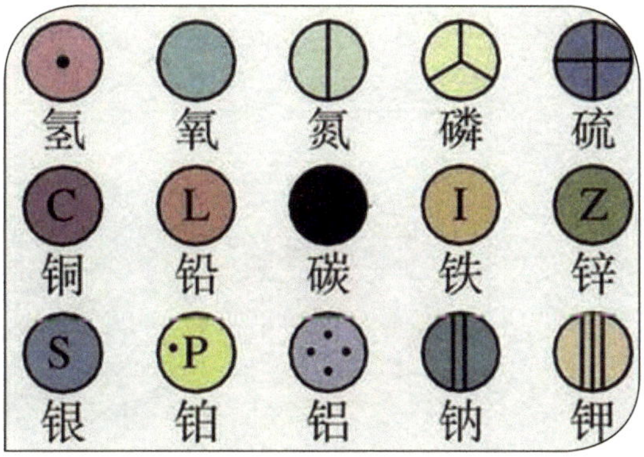


图 2–4　道尔顿元素符号表

（注解：工业革命以后，科学家们已经开始了一系列化学实验，通过蒸馏、熔炼等方法，人们逐渐发现了一些物理单质，这些不能用化学反应继续分解的物质被称为化学元素。比如当时人们广泛使用的能源——木炭，就含有碳元素，而煤炭中也发现了碳元素，人们意识到是碳元素的燃烧产生了热能。）

## “美味”的原子

到了第二次工业革命时期，电磁场的发现将人们引入了电气时代，人们对微观世界的认知大大提升了。

1897 年，同样出生英国的实验物理学家汤姆逊设计了精妙的实验，通过控制磁场和电场，他首次发现原子中竟然还能“分离”出带负电荷的微粒。这一微粒就是“电子”。同时，汤姆逊还测出了电子的质量，相比于整颗原子的质量，电子所占的比重非常微小，几乎可以忽略不计。

汤姆逊凭此成就获得了诺贝尔物理学奖，人们因此称他为“最先打开通向基本粒子物理学大门的伟人”。

1898 年，汤姆逊在前期实验的基础上，对原子模型提出了猜想。既然原子中含有电子，带负电荷的电子分布于带正电荷的均匀实心球中，构成了不带电的原子，就像西瓜籽镶嵌在果肉中一样。这就是著名的汤姆逊原子—西瓜模型，又叫葡萄干布丁模型，传到中国，还有人把它称为枣糕模型，总之都是美食（见

图2-5）。

图 2-5　西瓜、枣糕和原子模型

汤姆逊对构想的模型十分满意，但他也提出了自己无法解答的问题：原子结构的细节是什么？以及这一结构赋予原子的性质是什么？

很快，他的学生给出了答案。

## 原子核的问世

在英国曼彻斯特大学的实验室里，汤姆逊有一位了不起的学生，名叫卢瑟福。卢瑟福通过巧妙的设计，得到了一束 α 粒子射线。α 粒子是带正电荷的粒子流，这些粒子是氦原子丢失了两个电子而得到的。卢瑟福让他的学生做练习实验，用 α 粒子去轰击金箔，利用荧光屏记录那些穿过金箔的 α 粒子，以此来验证汤姆逊的西瓜模型。这就是著名的 α 粒子散射实验（见图2-6）。

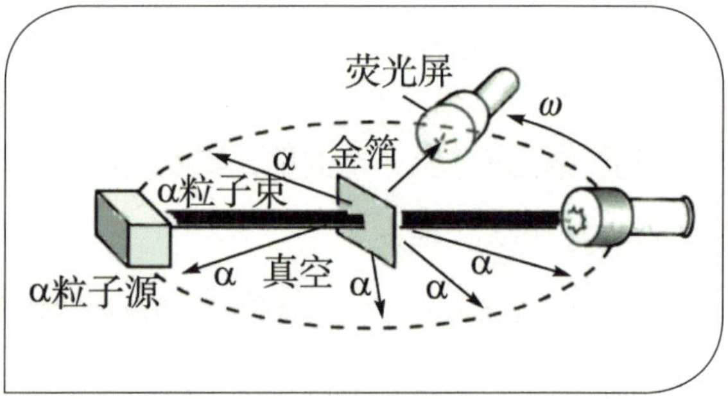


图 2-6　α 粒子散射实验

由于 α 粒子的质量约为电子的7300倍，因此金箔原子中的电子根本无力抵挡 α 粒子。同样，按照西瓜原子模型的猜想，均匀分布的正电荷物质也无法抵挡力量高度集中的 α 粒子，因此，金箔后方的荧光屏上，一定会得到直线穿过的 α 粒子，即使 α 粒子前进的方向稍有阻碍，也只会发生非常微小的偏转。

多次实验的结果都和他们预期的一样，与汤姆逊提出的原子理论十分吻合。然而，很快奇迹出现了。

两三天以后，他们在重复试验中，竟然观察到了被金箔反弹回去的 α 粒子。这就好比对着一张纸巾发射了一枚子弹，而子弹竟然被反射回去了一样不可思议。除非，这颗子弹刚好击中了另一颗子弹！

卢瑟福被这样的实验结果震惊了，严谨的他经过了长达两年的实验，终于找到了规律：大约每 8000 个入射的 α 粒子中，就有一个被反射回来。这样的数据结果绝不是偶然或巧合。经过缜密的思考与计算，卢瑟福提出了他的假设：只有正电荷物质全部集中在一个很小的区域内，形成了一个紧密坚实的核，α 粒子穿过单个原子时，才能发生反射或大角度散射，而这个正电荷集中的核被称为原子核。而在原子核以外的其他区域，全是空的，什么也没有。

## 原子行星模型诞生

据此，卢瑟福提出了“行星系”原子模型——在原子的中心有一个带正电荷的核，它的质量几乎等于原子的全部质量，电子在它的周围沿着环形的轨道运动，就像行星环绕太阳运转一样（见图 2–7）。今天，我们在很多书上看到的原子彩绘图都是原子行星模型，国际原子能机构（IAEA）也使用了这一模型作为它的标志。卢瑟福的 α 粒子散射实验被评为“物理最美实验”。

图 2–7 行星模型

此后，卢瑟福还测定了原子核的质量，约占整个原子的 99.96%——原子核是原子的绝对核心。卢瑟福的理论奠定了原子核物理的科学根基，他也被誉为原子核科学之父。

值得一提的是，他的助手和学生中，曾先后涌现出了 12 位诺贝尔奖得主，当然他本人也拥有一座诺贝尔奖杯。

虽然卢瑟福的行星模型已经非常接近真相了，但他在电子运动的解释中存在明显的瑕疵，直到量子力学的出现，才解决了这一物理难题。现在普遍认可的原子模型采用了现代星云模型，如果你感兴趣的话，可以阅读知识拓展的内容。接下来，我们将继续走进原子内部，探索神奇的原子核。

## 知识拓展：原子星云模型诞生，真相还在前方

卢瑟福的原子—行星模型已经非常接近真相了（见图 2–8），但他在解释原子结构的稳定性时却提到，因为电子做圆周运动产生的离心力和正负电荷间的吸引力达到了平衡，从而使原子核与电子始终保持了一定距离。好比月球和地球之间的相互引力，使两个星球保持了一定的距离。然而这一解释却与经典电动力学产生了矛盾。

还记得本书开头提到的内容吗？任何运动都需要消耗能量。原子内部的粒子运动也不例外。早在汤姆逊之前，麦克斯韦创建的经典电磁学理论就已经阐明，带电体的运动，会产生电磁波向外辐射能量。那么按照卢瑟福的解释，如果电子围绕原子核运动，也会产生电磁波向外辐射能量，当能量不断消耗，电子势必会和原子核越靠越近，最终坠入原子核而毁灭。这显然与事实不符。

图 2–8　卢瑟福的原子—行星模型

曾在卢瑟福实验室工作过的丹麦物理学家玻尔为了解开这个谜团，进行了大量的实验，并结合德国物理学家普朗克的量子理论，创造性的提出，电子的运动

并不是连续的，当电子在特定的圆形轨道上运动时，它不是在做圆周运动，也不吸收或放出能量，而当它在自己的轨道上消失，移形换影般的出现在另一个电子轨道时，就会吸收或放出能量，我们把电子的这种行为称作跃迁，而电子吸收或辐射的能量也不是连续的，而是一份一份的，这就是能量的量子化。玻尔的原子模型和快要滴落的油滴有几分相似，因此也被称做原子——油滴模型。

玻尔的模型一经提出，就引起了物理界一片震动，因为他的理论给经典物理带来了一次颠覆性的革命，有谁能相信物质还能不连续的运动呢？打个比方，当你练习台阶跳的时候，身体用力往上一跃，就从一个台阶蹦到了下一个台阶，尽管过程非常短暂，但一定会沿着一道连续而清晰的路径，用慢镜头拍下来的话，还能看到你的身影在空中划出了一道完美的弧线。然而电子在能量轨道上跃迁时，却是以“闪现”的方式完成，并没有连续的路径：在一个轨道消失，又在另一个轨道出现，没有中间过程。这简直太奇怪了。然而事实就是这么奇特，玻尔因此开创了量子力学的崭新篇章。

当然，玻尔的模型也不是十全十美，科学家们坚持不懈，在玻尔的基础上深入探索电子的运动规律，并逐渐意识到电子就是无规则的绕核运动。这一运动方式，使原子呈现出了一种类似于宇宙星云般的状态，浪漫而缥缈，于是原子的现代星云模型诞生了。

回望历史，在第二次工业革命以后，欧洲物理学界可谓群星璀璨，百花齐放，物理学家们在微观世界中孜孜不倦的探索，为人类贡献了宝贵的科学财富，使得世界的科技进程不断换挡提速。直到今天，科学家们也没有停下脚步，而是站在巨人的肩膀上，继续眺望远方。

# 第二节　探秘原子核

## 重要的质子

当卢瑟福发现了原子核以后，他还想弄清楚原子核内部的正电荷物质到底是什么。于是，他继续拿 α 粒子当子弹，轰击不同元素的原子。如他所料，α 粒子从这些原子核中真的轰出了一种粒子，这种粒子和氢原子核很相似，卢瑟福经过无数次实验，证实了他们就是同一种粒子，并将其命名为质子“proton”，取自希腊文“proto”，意为第一重要。

然而找到了质子，原子核的秘密只解开了一半。因为科学家发现，原子核常常比组成它的质子加起来更重，他们猜测，原子核中肯定还存在着别的粒子。而这个神秘的粒子，直到 18 年后，才被证实真的存在。

## 神秘的中子

现在我们已经知道了电子带负电荷，质子带正电荷，这两种粒子的正负电量相抵消，原子呈电中性。由此推论，第三种粒子一定也呈电中性。然而，由于当时的物理学家通常习惯用电磁场来发现和操纵带电的粒子束，但对于呈电中性的粒子，电磁场就不起作用了，因此要找出这些粒子并不容易。不过，不畏艰难科学家往往都有着侦探般敏锐的直觉，绝不放过任何蛛丝马迹。他们充分质疑、大胆假设，加上严谨的实验和计算，就是他们查出真相的法宝。

早在卢瑟福发现质子的时候，他就预言原子中存在呈电中性的“中子”，只是一直没有证据。1932 年，卢瑟福的学生，英国物理学家查德威克在居里夫人的论文中发现了异常。这是一篇关于放射性实验的论文，居里夫人发现一种原子衰变放出的射线竟然能穿透不带电的石蜡，她虽然意识到这是一种新发现，但她认为这就是一种普通的 γ 射线。当时的居里夫人已经获得了诺贝尔奖，在学界享有很高的威望。查德威克重复了居里夫人的实验，但并不认同居里夫人的观点。通过精确的实验和计算，证明了他的假设，居里夫人论文中的放射性物质并不是一般的射线，而是科学家们一直苦苦寻找的中子，因为他不带电，所以才能穿透石蜡。同时，他还测定了中子的质量，与质子非常接近，比质子略大，其差值为质子的 1/700，几乎可以忽略不计。

查德威克因此获得了诺贝尔物理学奖，而居里夫人却遗憾的与“中子”失之交臂了。

这下，所有的疑团都解开了，原子核也终于露出了它的庐山真面目——原子核由带正电荷的质子和电中性的中子共同组成。

## 紧密抱团的原子核

虽然科学家已经找到了构成原子核的粒子，但要解释他们如何紧密抱团在一起这个问题，却又再次挑战了人们的认知。

我们都知道“异性相吸，同性相斥”的原理，两个带有相同电荷的粒子会受到相互排斥的电磁力，且两者距离越近，斥力越大。这样一来，电中性的中子虽然有可能排列在一起，但带正电荷的质子，如何克服强大的斥力而靠近彼此确显得无法解释。

1935 年，日本核物理学家汤川秀树提出，原子核内一定存在一种强相互作用力，在非常短的距离内有效，使质子和中子紧密结合，他将此称做核力。如果质子存在于两个原子时，他们的距离不够近，则仅有电磁力单独作用于质子上，使他们互相排斥；但存在于一个原子中的质子，因为相互之间非常接近，核力就会成为主要影响因素。核力非常大，足以抵消电磁力的排斥作用，使他们紧紧的抱成一团。

那么，核力有多大呢？经过实验和计算，它比电荷之间相互作用的电磁力大 100 倍。如果将质子、中子统称为核子，核子间的距离有多小呢？约为 $10^{-15}$ 米，是原子直径的十万分之一!

## 超乎想象的原子核

如果换算体积的话，原子核的大小只有原子的万亿分之一。假如我们把原子核想象成一颗小弹珠，那么原子的大小几乎就是一座体育馆，这座体育馆内部，除了这颗弹珠，其他地方全是空的!而这颗核弹珠的质量密度则达到了惊人的$10^{14}g/cm^3$，相当于塞进了整座珠穆朗玛峰!

## 卢瑟福的预言

在经历了近四分之一个世纪的探索之后，对于当时的英国物理家们确信，他们已经揭开了“未来事物的面貌”。卢瑟福预言，未来的二三十年间，人们可以用一定的能量加速轰击粒子，任意的转化原子，并获得比质子提供的能量多得多的能量,但是,不能指望用这一方法获取能源,如果有人试图寻找这种原子转化能源,只能得到“镜花水月”。

那么，事情真如卢瑟福预言的一般吗?

（注解：1933 年 9 月 1 日，英国《泰晤士》报刊登英国科学促进会年度集会的情况报道，发表了题为《未来事物的面貌》的评论文章，该期时报还刊登了关于原子论的系列报道，包括《击碎原子》《元素的转化》《中子，神奇的转化》，以及卢瑟福的演说摘要《转化任何原子的希望》。）

•小知识•

### 为什么肉眼无法看到原子以及原子核?

这取决于原子尺度和可见光的波长范围。因为原子和原子核的尺度远小于可见光的波长范围，因此我们只能通过其他手段间接观察原子，比如电子衍射显微镜。所以，不要仅仅相信眼睛看到的东西，还有很多真相是肉眼无法观察到的。

## 第三节　惊人的核能

### 神奇的放射性

1895 年，早在原子核被确定之前，德国物理学家伦琴就在一次偶然的阴极管实验中发现了一种能够“透视”的射线，这种特别的射线立刻引起了世界性的轰动，因为这是一种未知射线，因此伦琴把它取名为 X 射线。

第二年，一直在研究荧光物质的法国物理学家贝可勒尔受到伦琴的启发，在天然的铀化盐中也发现了 X 射线。其后数年，波兰物理学家居里夫妇通过枯燥而艰辛的实验，从数以吨计的沥青铀矿渣中分离出了的两种微量的放射性新元素，钋（pō）和镭（léi）。见图 2–9 元素周期表。

这时人们意识到，自然界存在着天然放射性，原子正通过自身衰变的方式源源不断的向外界辐射能量。这就证实了原子中的确含有大量的能量。结合我们之前提到的原子模型，以及核结构，这些能量只能来自于原子核，也就是我们所说的核能。

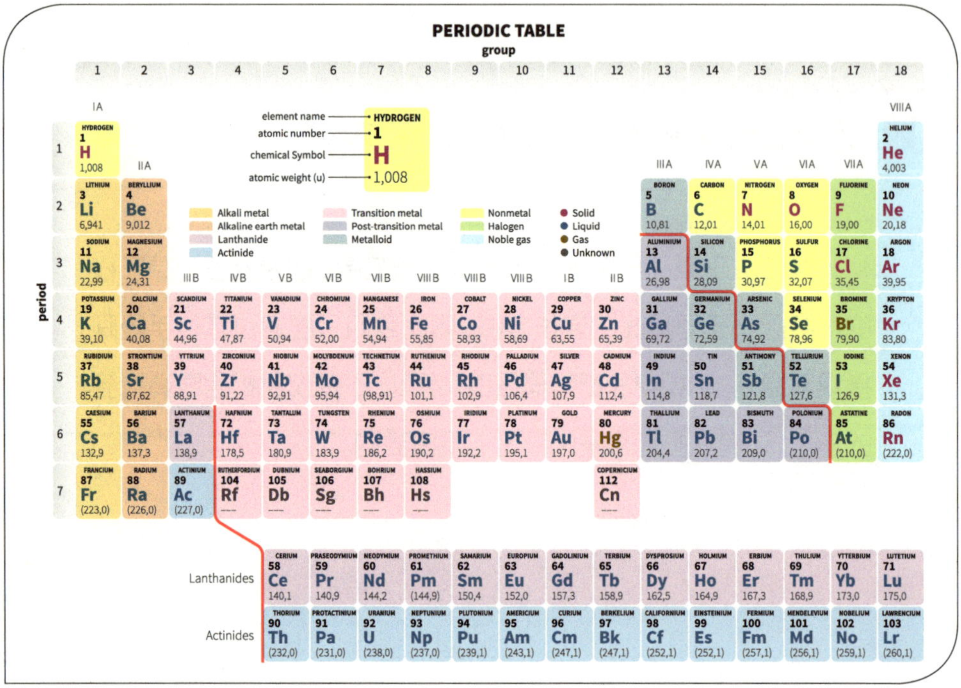


图 2-9　元素周期表

## 人工原子转变

当卢瑟福发现了原子核之后，物理学家们便开始热衷于 α 粒子轰击原子核的实验。α 粒子是带正电荷的高能粒子束，用来当做炮弹轰击原子，会将原子核中的质子轰出，便会形成新的原子。比如轰击氮原子核，会得到氧原子。这是人类历史上第一次实现人工原子转变，但这并不能实现牛顿梦想的“点石成金”，因为当他轰击重原子时，α 粒子炮就不起作用了。这是怎么一回事呢？

原来，由于 α 粒子带正电荷，原子核也带正电，依据“同性相斥”的原理，当碰到质量大的原子核时，α 粒子就会受到很大的斥力，于是，根本无法进入原子核内部，实验也无法继续进行。

直到查德威克发现了中子，事情才出现了转机。不只一位科学家立刻意识到中子束和 α 粒子束具有同样的威力，而且中子不带电，不会和原子核产生斥力，因此能更有效的轰击原子核。1934 年，意大利物理学家费米开始在他的实验室里用中子束轰击各种原子核。他发现用中子轰击一种特定的元素会产生原子序数加一的下一个元素，比如中子轰击铝核将变成硅，用中子轰击锗核将得到砷。用这一方法，科学家们找到了当时元素周期表上的许多空白元素。

## 特别的铀原子

位于元素周期表中第 92 号的铀，是自然界中最重的元素，也是当时元素周期表上的最后一位元素。费米想用中子轰击铀核，看看能不能得到还没有被世人发现的第 93 号元素。可是，当费米真的这么做时，却发生了意外，他很难在实验产物中检测到第 93 号元素，却测定到了一些杂乱的粒子混合物。

此时，德国科学家哈恩也在做着同样的实验，他在粒子混合物中检测到了第 56 号元素钡，要知道铀是第 92 号元素，钡的原子序数与之相比实在差得太远了。哈恩无法解释这是为什么，于是写信给他的老搭档——因躲避纳粹德国而逃难的犹太科学家迈特纳，请她帮忙解开自己的疑惑。那个时候，希特勒正以种族肃清的名义在德国境内剿灭犹太人，这正是第二次世界大战的前夕。

## 原子核裂变

迈特纳收到信以后，陷入了冥思苦想。一天，迈特纳和同为物理学家的侄子费里希一同在雪地散步，试图寻找答案。当费里希在前面滑着雪橇，迈特纳在其身后疾步追赶时，突然，一道灵光闪现，她想，那一堆粒子混合物会不会是铀原子核分裂以后产生的新原子呢？就像雪地靴划过路面，冰雪裂开后的扬起细碎的冰渣。紧接着，她和费里希采用了玻尔的原子－液滴模型，模拟了这一过程：当铀原子的大核获得了中子的能量，大液滴仿佛先是被拉长，然后从腰部断开，“啵儿”的一声，变成了两个小的新核，最后相互排斥成为两个新原子，就像下面这样：

没错，铀原子的原子核一定是产生了分裂！

迈特纳与费里希立刻回到实验室，想要验证他们的猜想。

细心的你一定注意到了，贝可勒尔和居里夫妇都是在铀的化合物中发现了放射性现象，这说明铀原子核在结构上并不稳定。当铀原子受到高能"中子炮"的轰击，本来就不稳定的核，在吸收了中子之后，便产生了分裂，一分为二，变成了两个体积基本相等的核（见图 2-10）。因为两个原子核都带正电，所以相互排斥，从而形成了新的原子。费里希将原子核分裂的现象称为裂变（fission）。同时他还检测到了反应中有大量电流产生，电流表的指针都跳到了刻度盘外。

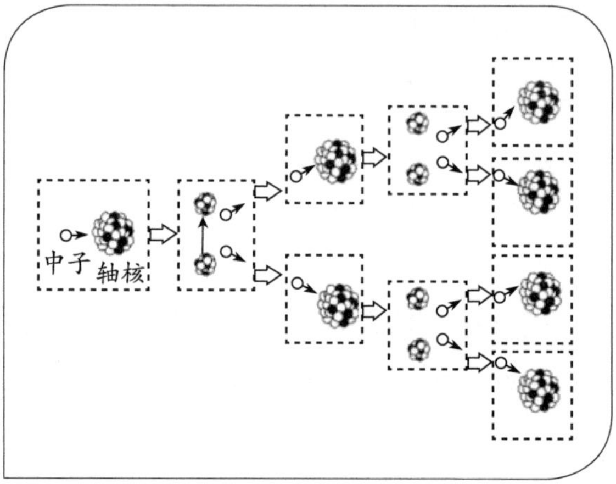

图 2-10　链式核裂变反应

哈恩沿着迈特纳的思路继续实验，用高能量的中子束轰击铀原子，很快便在实验产物中发现了由分裂而成的新原子：钡（第 56 号元素）和氪（第 36 号元素）。而这两个元素的原子序数相加，正好等于 92——正好是铀的原子序数。这说明，中子轰击铀原子，发生了原子核裂变反应。

当铀原子吸收一个中子，会分裂为两个新的轻核原子，并释放 2 到 3 个中子，以及大量的能量。这就是一个完整的原子核裂变反应。

在物质内部，当一个原子核发生了裂变反应之后，反应是否就会立刻停止了呢？

事实上，由于物质中包含了数量庞大的原子，核裂变放出的中子会继续轰击其他原子核，使原子核分裂，产生能量，并再次释放中子，这样反应就会自发地持续下去，好比一环扣一环的锁链，这就是链式核裂变反应。

当哈恩检测一个原子核裂变释放的能量时震惊了——约为 200 兆电子伏，比同质量的化学反应产生的能量大了百万倍。

其实，早在哈恩测定核能的三十年前，已经有人预言了物质蕴含的强大能量，并给出了计算公式。

## 爱因斯坦的质能方程

1905 年，德裔科学家爱因斯坦发表了一篇题为《论动体的电动力学》的论文，论文中提出了区别于牛顿时空观的新的平直时空理论："如果光速是一个常数，那么一定有另外某种东西在两个相对运动的系统之间伸缩。"这就是著名的狭义相对论。相对论预言了牛顿经典物理所没有解释的一些新效应，比如时间膨胀、长度收缩，质量与能量之间的等同关系等。爱因斯坦因此成为对世界影响最深的科学家之一。

从此，狭义相对论刷新了人们对物理世界的认知，成为了现代物理理论的基础，一切微观物理理论和宏观引力理论都需满足这一理论的要求。

在狭义相对论中，所有的物质都蕴藏着静止能量，换句话说物质的质量和能量是可以相互转换的。爱因斯坦给出了简洁而有力的质能转换方程：

$$E = mc^2$$

式中，$m$ 表示物质的质量；$c$ 表示光速，约为 300 000 km/s。

这就是核能的计算方程。

## 核能的威力显现

当哈恩测定铀原子的裂变碎片时，发现裂变碎片的质量比原来的铀原子的质量减少了 0.1%，虽然这少量质量亏损属于实验中的误差可接受范围，但因为考虑了光速平方的影响，便得到了惊人的数字。亏损的质量以能量的形式释放到了外界，完全符合爱因斯坦的质能方程。核能的强大威力由此被世人发掘，从而揭开了人类利用核能的序幕。

这一历史性的时刻定格在 1938 年 12 月，仅仅用了五年时间，卢瑟福的预言就被打破了，此时距离第二次世界大战全面爆发只剩不到 9 个月了。为什么说卢瑟福的预言没有应验呢？

因为利用核能的规律，人们造出了原子弹。不仅如此，人们最终征服了核能，发明了核反应堆，控制了核能释放的大小和快慢，成功利用核能改造了世界。

第三章

03

# 海上核能

## 第一部分

人类的生命源于海洋，地球上，海洋面积高达 70% 以上，如果从太空中瞭望地球，可以清晰的看到，我们生活的大陆，不过是海洋中为数不多的岛屿。浩瀚海洋神秘莫测，汪洋之下，蕴藏着人们无限的遐想与迷思。

事实上，海洋就是一座隐藏水下的巨大宝库。在海底世界，有数量惊人的动植物，有传说中的奇珍宝藏，还有人类生存所离不开的石油、天然气、煤、铁矿石等丰沛的资源。然而，时至今日，人们只探测了不到 5% 的海域，还有大量的海域未被开发，还有许多未解之谜没有破解。

为了探索面积辽阔的海洋、守卫祖国的领海，也为了获取更多的资源，人们发明制造了各种舰船、舰艇。然而，光有航行工具是远远不够的，船只一旦出海，会消耗巨大的能量，而海上缺乏能源补给站，中途若是能量不足，只能折返或靠岸，这样一来，航程就会受到限制。

“二战”以后，见识了核能威力的科学家们，开始憧憬利用核能推动舰艇，为海上船只提供源源不断的能量与动力。美国率先将核能利用到海上，迄今为止，已经建造了十余艘核动力航空母舰和七十余艘核潜艇，成为名副其实的海上霸主。同为核动力强国的俄罗斯，则拥有世界上独一无二的核动力破冰船，可以驰骋北极圈。而我国，即便在吃不饱肚子的年代也坚持开发核潜艇，终于成就了陆、海、空“三位一体”的战略力量，大大提高了我国在国际上的话语权。

接下来，就让我们一起到海洋世界去领略核之威力吧。

# 第一节　海下巨鲨核潜艇

## 幻想照进现实

“1866 年发生了一件怪异的大事，令欧洲、美洲的人们惊诧不已——许多海上船只与一个庞然大物相遇，却没人说得清这个怪物到底是什么。它的个头儿比鲸鱼还大，速度比鲸鱼快得多，如同飞逝的巨礁。

“巴黎自然史博物馆的阿罗纳克斯教授受命登上一艘驱逐艇，参与追捕海上‘怪物’的行动，却被‘怪物’反擒，意外的开启了一段为期十个月的海底旅行。当博物学教授几经艰辛，终于逃脱后，遂将这一海底秘密公之于众。”

那么，“怪物”到底是什么呢？

如果你读过法国作家凡尔纳的科幻小说《海底两万里》，你一定不会陌生，这就是闻名世界的鹦鹉螺号潜水艇。在凡尔纳的笔下，鹦鹉螺号长约 70 米，最宽可达 8 米，采用流线型设计，重达一千三百多吨。它不惧狂风恶浪，有极大的抗压能力，能够抵挡其他船只的袭击。更重要的是，鹦鹉螺号动力强劲，能长期潜入水下不必浮出水面换气，而这一切都靠“电”来实现，“电”给了鹦鹉螺号生命。

小说中，作者还为这艘理想的潜水艇安排了一位神秘而智慧的艇长——尼摩艇长。尼摩（Nemo）一词是拉丁语，其含义为“不存在的人”，可见作者自己都无法相信世界上真有这样神奇的潜艇。

然而，令人惊讶的是，不到一百年的时间，人们真的造出了鹦鹉螺号，无论体型、航速各方面都与小说中的原型极为相似，更厉害的是，现实中的鹦鹉螺号配备了雷达和声呐系统，还能携带鱼雷参与作战，号称巨型鲨鱼。而作者幻想中潜艇的动力源，则由核反应堆提供，这使得现实中的鹦鹉螺号有了真正的心脏和灵魂（见图 3-1）。

图 3-1　小说中鹦鹉螺号的形貌 VS 美国鹦鹉螺号

## 最有实力的“后浪”

不半个多世纪以来，核潜艇之所以令人着迷，是因为它在许多方面的表现都遥遥领先于常规潜艇。核潜艇虽然出生较晚，但绝对是海洋战场上最有实力的“后浪”。

### 超长待机，无处寻踪

核潜艇的自持力普遍较高（自持力：即在海上不需外来补给，仅靠艇员耐力和可靠的设备连续航行的时间），美国核潜艇曾经历了 84 天环球旅行（试验），它一直潜航，没有浮出水面，更没有靠岸。要不是考虑到艇员的耐受力、食物的装载量、基地的检修保养等其他因素，让它再在水下待上个数百天也不再话下。而我国的核潜艇，则是水下自持力世界纪录的保持者，达到了 90 昼夜！

通常情况下，核潜艇一头潜入伸手不见五指的海洋中，便不会再浮出水面，潜航四五十天完全不是问题，这一特性使其具有极强的隐蔽性，让人无处寻踪。

而常规核潜艇最多只能在水下待上十天半个月，趁能量耗尽之前返航续命，因此应用在战场上，它无法进行远距离作战。

### 全速前进，一刻不停

核潜艇也是水下航行健将，它在水下的奔跑速度无人能及，那些常规潜艇只能望洋兴叹。核潜艇航速普遍都在 25 节以上［海船（包括军舰）的速度单位称作“节”，1 节 (kn)=1 海里 / 时 = 1.852 千米 / 时］，世界上现役最快的俄罗斯“阿尔法”级核潜艇，水下航速可以达到 42 节。连续全速航行对核潜艇来说如同家常便饭。

而常规核潜艇的最高航速通常只能达到 20 节，不过要是持续以这个速度航行，不出两小时就会耗光全部电量，所以，常规艇更多的时候仅以 5 节的航速缓慢潜行。

## 制氧系统，必不可少

除此以外，核潜艇上还装有令人羡慕的制氧系统。要知道水下是缺氧环境，没有氧气人类就无法维持生命，而绝大多数常规艇却只能用氧气瓶这样的方式预先储存氧气，无法直接制氧。

## 鲸背阔肚，致命威胁

相较于常规潜艇的瘦小身材，核潜艇背如鲸鱼，肚里藏“金”。世界上最大的俄罗斯“台风”级弹道导弹核潜艇，吨位高达 26 500 吨，全长 171.5 米，差不多有半个足球场大。即便是世界上最小的核潜艇，长度也高达 73.6 米。核潜艇内部相对宽敞的空间可供人们活动、储藏食物。更重要的是，它肚子里有足够的空间装载鱼雷、巡航导弹，甚至是核弹，这些武器直接从海下发射，具有致命的杀伤力，让敌人闻风丧胆。所以一直以来都有这样一种说法，“交战一方，哪怕仅存最后一艘核潜艇，也大有反败为胜的希望”。

虽说核潜艇形象上更接近鲸鱼，但它的特性与鲨鱼更加相似——长时间静静的潜伏海下，伺机等待，一旦锁定目标，便以迅雷不及之势，给敌人致命一击（见图 3–2）。

图 3-2　核潜艇

而常规潜艇空间蔽塞，艇身最大仅能做到 80 米，可算是最小的核潜艇，人员活动空间压缩，食物存储有限。由于常规艇的肚子里很难塞下战略导弹，只能装备战术武器，攻击性远不如核潜艇。

## 能量决定实力

那么，是什么造成了常规潜艇与核潜艇之间的实力差距呢？秘密就在于他们提供能量的方式不同。

常规潜艇采用的是常规动力装置，主要由柴油机、主电动机和蓄电池等构成。用柴油机作为动力源，航行的同时带动发电机发电，为蓄电池充电。电池的能量密度很小，如果潜艇以 5 节的静音航速缓慢航行，也只能保证 4~5 天的电量，如果以 20 节的最高航速前进，几个小时就没电了。这时，潜艇就不得不浮出水面充电。

由于化石燃料燃烧需要充足的氧气，因此柴油机工作时必须浮出水面，通过输气管输送氧气，这样一来，大大增加了暴露的可能。为了避免成为袭击的目标，作战情况下，常规潜艇只能夜间浮起充电。为了省电，不得不一再压缩其内部空间，仅满足携带必要的备品备件，无法为艇员提供较为宽敞的空间用于活动、休息或存放食物。至于海水淡化系统、制氧系统只能成为奢望。

而核潜艇超群的实力，都要归功于强大的供能系统——核动力装置。核动力装置由核反应堆、蒸汽发生器、主循环泵和蒸汽轮机等部件构成。核反应堆将一回路的水加热，并将热量传输给二回路，推动汽轮机发电机组做功供电。核燃料反应时不需要氧气参与，因此，潜艇在水下航行时，核动力装置一直在工作，源源不断的提供能量。

## 强大的核动力心脏——核反应堆

那么，什么是核动力心脏呢?

### “原子锅炉”不倒翁

在核潜艇的中部位置，有一个反应堆舱。这里放置着一台几米高的锅炉，俗称“原子锅炉”。普通锅炉中，主要依靠煤等化石燃料燃烧产生热量，而“原子锅炉”则是通过核燃料裂变产生的核能(见图3–3)。让我们再来复习一下前面的内容吧。

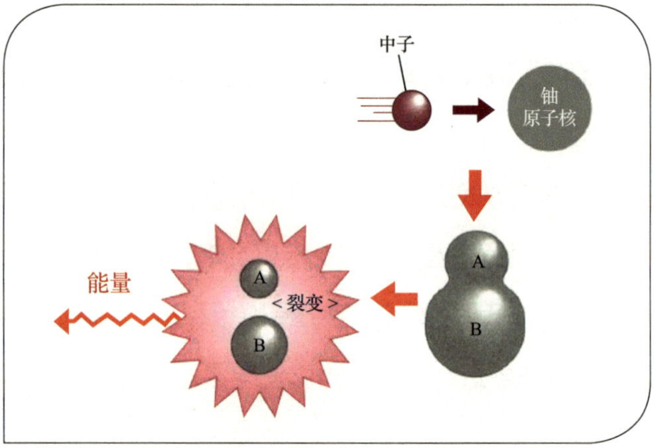


图 3–3 核裂变

1 千克 $^{235}U$ 裂变产生的能量相当于 2700 吨煤燃烧产生的能量，因此，“原子锅炉”中只需要使用少量燃料，就能产生充足的能量。这一与众不同的“原子锅炉”就是核潜艇的核动力心脏，专业名称是核反应堆。

核反应堆最外层是一个高强度的外壳，由一座能够承受高温高压的压力容器和顶盖组成，最大承压可达几十兆帕，相当于几百倍大气压力。从外形上看，压力容器上下都成圆弧形，酷似不倒翁。实际上，核反应堆中的许多设计都参考了不倒翁的特性——当外界变化时，能自行回到原来的安全状态。压力容器内部盛装着核燃料组件，链式核裂变反应就是在这里发生的，因此，它是反应堆的核心部件。

## 小浓度也能提供大能量

能够发生核裂变反应的天然元素 $^{235}U$ 是核燃料最重要的成分。在一千个铀原子中，只有 7 个 $^{235}U$，剩下的都是无法进行核反应的 $^{238}U$。我们通常所说的燃料浓度，指的就是 $^{235}U$ 的浓度。为了温和给核潜艇提供能量，所需的 $^{235}U$ 浓度并不高，只有百分之几。

核潜艇所用的核燃料通常被制作成二氧化铀小块，这些小块被压制成细小的圆柱体，装入锆合金制成的金属管中，构成燃料元件。注意，锆合金可不是一般的金属，它能屏蔽辐射，不会吸收中子，可以忍耐高温高压和高辐照，是一种稳定性极好的材料。这些燃料元件有序的焊接在一起，组成燃料组件（见图 3-4）。经过精密计算，燃料组件被准确的放置于核反应堆内，参与核反应。虽然核燃料的浓度很低，但由于核裂变产生的能量巨大，所以在核潜艇上使用，也无需放置体积庞大的燃料组件，可节省较多空间。

图 3-4　燃料元件、燃料组件

•小知识•

### 为什么核潜艇却不需要浮出水面充电呢?

这是因为核燃料 $^{235}U$ 发生裂变产生能量是一个纯物理变化，不需要氧气的参与，因此它可以在水下一直工作，源源不断地为核潜艇输入稳定的能量。

## 慢中子点火

核燃料并不能自发地进行核反应，就像家里的燃气灶一样需要点火，核反应堆也需要点火器——中子源。中子源能放出无数的中子同时点火，使反应堆快速启动，功率迅速提升。

然而，并不是所有的中子都能引起核燃料的裂变反应，只有那些运动速度比较慢的中子才行。而中子源与核裂变产生的中子都是“快中子”，为了使它们的速度减慢，在核反应堆里充满了慢化剂——水。“快中子”在水中运行时不断与水分子相撞，很快使速度就降下来了，直到变成符合要求的“慢中子”。

## 激情四射的核裂变

核燃料一旦被“点火”，就会自发的进行链式裂变反应，一时间“激情四射”！作为一种能源的供给，我们当然不希望核燃料只提供三分钟热度。我们希望它能持久、稳定、缓慢的释放能量。为了让它“乖乖听话”，人们为它量身定做了一款控制棒。

## 核反应堆的指挥棒

在解释什么是控制棒之前，让我们先来想一想怎样才能降低核反应的速率吧。虽然我们无法改变核裂变本身的速度，但我们可以通过控制反应的源头来调节快慢。正所谓解铃还须系铃人，只要能控制中子的数量，就可以使核反应完全听从指挥。由于核反应会源源不断地产生新的中子，因此我们只需要做减法，减少中子的数量就能起到调节反应速率的作用。

那么，谁能“吞掉”中子呢？自然界中还真有这样的元素，绝对算得上是中子的克星。他们就是金属铪（Hf）、银（Ag）、铟（In）、镉（Cd）。科学家将这些金属元素按照一定的配比，制成了用于吸收中子的控制棒。接下来的事情似乎就容易多了，工程师只需要调节控制棒在核燃料中的数量，就能调节核反应的速度啦。当我们希望核反应慢一点时，就把控制棒多放一些在核燃料组件之间，让它多吸收一些中子；当核燃料自然消耗、反应自发减弱时，我们只需要把控制棒提起来一些，让它少吸收一些中子就可以了。所以，控制棒也是反应堆中名副其实的“指挥棒”。话虽如此，但实际情况往往复杂得多。核反应的速率直接关系到反应堆的安全性，因此关于控制棒的每一项操作都需要非常精准的计算，并遵循严格的操作规程。

## 压力容器的装卸大法

压力容器中还有一个倒挂的大圆筒，像个篮子似的，被称为吊篮。吊篮虽不起眼，但发挥着重要作用。一方面，吊篮易于固定反应堆内的部件，另一方面，可以一次整篮子吊装核反应堆内的大部分部件。当需要对压力容器做体检时，用吊篮装卸压力容器中的零部件，就会容易很多，大大节省时间和人力，堪称压力容器的装卸大法。

## 安全稳健的压水堆

当核燃料在反应堆中释放能量时，会产生大量的热量，为了迅速将热量带出反应堆，需要用到冷却剂。冷却剂由反应堆压力容器的入口进入，顺着压力容器四周的内壁流下，然后再上行流经核燃料对其进行冷却，最后从核反应堆出口流出。

也许你已经想到了，这里的冷却剂正是前面提到的慢化剂。这些高温高压的水充满了反应堆，一方面慢化中子，起慢化剂的作用，另一方面带走反应堆多余的热量，起冷却剂的作用。由于核反应堆内充满了高压水，因此，这类反应堆被称为加压水型反应堆（简称压水堆）。

迄今为止，全世界已经建成的500多艘核潜艇，几乎全部采用了压水堆供能。在核潜艇发展的初期，美国和苏联曾试图采用其他型式的反应堆，比如用金属钠最为冷却剂的钠冷堆，装入潜艇后，无一例外都出现了“水土不服”的现象，腐蚀、泄漏事故频频出现，最后不得不重拾旧爱，换回了压水堆。

核潜艇对压水堆情有独钟，必然有其原因。核潜艇在海下航行时，环境恶劣，反应堆的功率也相应的需要频繁变化，因此需要反应堆如同不倒翁一样，具有一定的自我调节能力，压水堆是最容易实现“不倒翁”设计的。其次，核潜艇本身容积有限，对装艇设备有非常苛刻的尺寸要求，而压水堆的体积较小，最适合寸土寸金的核潜艇。除此以外，压水堆便于维修，造价相对低廉的特点，都使它脱颖而出，成为核潜艇的最佳选择。

正是因为压水堆在核潜艇上的成功运用，为其后诞生的核动力航母、核动力破冰船树立了榜样，核反应堆成为解决舰船续航能力的杀手锏，科学家对核能的海上利用充满信心。

## 人们的担忧

然而，并不是所有人都能理解核反应堆和原子弹之间的巨大差异，直到现在，依然有人认为，核潜艇的动力装置就是一颗原子弹，进入核潜艇就如同坐在一座活火山的山口，随时可能面临爆炸，引发一场史无前例的海啸。

那么，核潜艇中的核反应堆究竟是不是原子弹呢？

## 核反应堆不是原子弹

结合上一章的知识，和我们前面提到的内容，可以清楚的发现核反应堆和原子弹虽然都用到了链式核裂变的原理，但在实际应用中却南辕北辙、大相径庭。就好比同样都是细菌（或真菌），但是益生菌和有害菌对人体的影响却截然不同。

原子弹爆炸的现象绝对不会在核潜艇上发生。这是因为两者的设计、构造和部件就已经天然决定了他们的不同。

## 不同的燃料浓度

首先是核燃料的浓度不同。原子弹中装载的燃料浓度高达 95% 以上，由被称为武器级的铀和钚构成，而核反应堆中核燃料的浓度仅为 2%~5%。两者的差异就好比含有不同酒精浓度的白酒和啤酒一样，前者由于酒精浓度高，点火就着，而后者则由于酒精浓度低，无论使用多厉害的点火器，也无法点燃。这就从源头上掐断了核反应堆发生核爆炸的可能性。

## 不同的裂变装置

其次是链式核裂变反应的装置不同。原子弹是一种不可控的链式裂变装置，在引爆的瞬间，推进装置将环绕放置的核燃料压缩到一块儿，几乎每个中子都能打中铀核，从而使几乎所有核燃料所能释放的能量，集中在极短的时间内（大约几微秒）全部爆发。而核反应堆则是一种人工控制的链式裂变装置，通过调节控制棒“吃掉”中子，从而使核反应像击鼓传花一样连续而平缓地进行下去，能量释放的大小和快慢也能完全受人控制。

## 不同的安全设计

除此以外，核反应堆中加载了许多的安全系统，比如随时发挥作用的冷却系统，不间断地带走多余热量，防止高温事故；24 小时随时待命的安全注射系统，一旦冷却系统发生意外，立刻冲到前线“灭火”。这些设计都是为了最大限度的防止事故发生，而原子弹中当然不会有这样的考虑了。

总之，原子弹的设计就是为了爆炸，产生极强的杀伤性，而核反应堆的设计则是为了安全而温和的提供能量，为我们所用。原子弹无法变成核反应堆，核反应堆也无法成为原子弹。

## 第二节 国之重器，扬我国威

我国国土面积 960 多万平方公里，东部和南部海岸线长达 1.8 万公里，内海、边海的海域面积高达 470 多万平方公里，接近陆地面积的一半，其中，大大小小的岛屿有 7600 多个。辽阔的海洋为我国提供了便捷的航道和丰富的资源，在我国的大陆边缘形成了一道天然屏障。然而我国的领海时常遭到邻国的骚扰，尤其是面积 360 多万平方公里的南海，更是被许多国家觊觎。海上主权事关祖国的安全与发展，保卫领海具有非常重要的战略意义。

工欲善其事，必先利其器。只有拥有了强大的海洋装备作支撑，才能形成强大的海上力量，才能保障安全可靠的海上能源和贸易通道，才能拥有海洋权益的话语权。

核潜艇是最先进的水下武器之一，在世界战略格局中具有特殊的地位，它隐蔽性好、攻击性强、续航能力出众，是海洋大国的撒手锏，更是有核国家陆、海、空“三位一体”战略力量中最有效的二次核打击手段。也就是说，只有配备了核潜艇的国家，才称得上是具备战略核反击能力的国家。

当 1954 年 9 月 30 日，美国第一艘核潜艇鹦鹉螺号服役，1957 年 8 月，苏联的第一艘核潜艇试航成功，美苏两国成为不可撼动的世界霸主。彼时的中国下定决心也要建造自己的“国之重器”——核潜艇。

然而，当中国作出这一重要决定时还处于百废待兴的状态，连常规潜艇都没有造出来，更别提技术含量难以想象的核潜艇，尤其要建造核潜艇的心脏——核反应堆，更是比登天还难。

## “核潜艇，一万年也要搞出来”

20 世纪 50 年代，苏联曾热心的帮助中国研发核动力武器和装备，然而当苏联的第一艘核潜艇下水之后，苏联人的态度却来了个一百八十度大转弯。这是怎么一回事呢？

原来，苏联为了实现水下潜艇与本土的通信联络，迫切地希望在中国的海南岛建设超长波信号发射台，从而建立与潜艇舰队的联络。大功率超长波电台是岸上指挥所，它是与远洋潜艇进行通信的唯一手段。换句话说，没有超长波，就没有真正意义上的潜艇部队。由于当时的中国技术力量不足，无法独立建造大功率超长波电台，因此，中国抱着合作共赢的态度向苏联提出援建长波电台的请求。这原本是两国共同的诉求，然而，在划分使用权时，苏联却提出了非分要求，使用权七比三，苏联占 70%，中国只占 30%。至此，苏联企图控制中国，让中国成为其依附国的野心昭然若揭。

毛泽东主席得知苏联的真实目的后，气愤难当，坚决地拒绝了苏联的无理要求。眼见真实目的无法得逞，苏联立刻撤走了援助中国的核能专家和技术团队，并针对中国实施核技术封锁策略。

在这样无可奈何的情况下，中国只能走自力更生、自主研发道路，然而当时的中国无论在工业上，还是在基础科学方面都很薄弱，由于核动力装备造价不菲，很多人担心核潜艇造不出来，最终劳民伤财。

然而此时的毛主席发出了“核潜艇，一万年也要搞出来”的誓言。正是这一句气吞山河的豪言壮语坚定了国人的信念，极大地鼓舞了人们的士气，使全国上下士气大增，各方面意见达到高度统一——核潜艇，志在必得。

世上无难事，只怕有心人。艰难险阻也抵挡不了必胜的信心和决心。这一句激励了几代核潜艇人的誓言，终将变为现实。

## 啃着咸菜造核潜艇

1959 年 6 月，苏联专家相继撤出中国，核潜艇的研制计划又回到原点。然而，祸不单行，我国又遭遇了连续三年的困难时期，导致中国经济陷入极度困境，饥饿就像挥之不去的阴霾一样，深深地伤害了那个年代的中国人。说我国的核潜艇是“啃着咸菜造出来的”，真是毫不夸张。

首任中国核潜艇总设计师的彭士禄院士对当年的清贫生活记忆犹新，他说：“60 年代初，正是困难时期，也是核潜艇研制最艰难的时候，我们都是吃窝窝头搞核潜艇，有时甚至连窝窝头都吃不饱。粮食不够，就挖野菜和白菜根充饥。”那个年代实行计划经济，每人每月的粮食定额发放，半斤肉、三两油，清炖白菜和萝卜，大部分时候是咸菜。

时任潜艇核动力设计组组长赵仁恺记录着这样一组数字：最困难的年月，全组 45 名同志中有 27 人生病（肝炎 13 人，浮肿 14 人。均为缺乏营养造成的），占 60%；特别是反应堆专业小组，14 人中竟然有 11 人生病。

如此困境下，这群科学家、工程师坚持饿着肚子搞科研、抓生产，像垦荒牛一般，靠着二两咸菜，硬是挤出了珍贵的“牛奶”——没有电脑，靠计算尺绘制出神奇而复杂的核反应堆，靠打算盘拨出上亿组精确数据，靠制图笔和卡尺完成了千万幅精密机械图纸。

无数的设计人员和工人师傅手造出了核潜艇的陆上模式堆（备注：用于实验验证的核反应堆，建在陆地上）；用廉价的木料、金属、塑料管和硬纸板建造了一个 1∶1 全尺寸的仿真核潜艇木质模型。这一切努力都是为了确保核潜艇下水前万无一失。

## 出发吧，长征一号

数十载守望，终于没有白费。

1968 年，核潜艇的设计工作完成，造船任务在葫芦岛悄然开展。

1970年12月26日，我国第一艘鱼雷攻击型核潜艇建成下水，庞大的钢铁之躯终于在万众瞩目中正式亮相，尽管东北的深冬寒风凛冽，但人们感受不到寒冷，造船工人们振臂高呼，热血沸腾。

1971年7月1日，核反应堆装料成功，反应堆提升功率，首次实现了潜艇上的核能发电。整个主动力系统经过联合实验，通过考核，具备了用核动力推进潜艇的能力。至此，核潜艇真正拥有了它独一无二的核动力心脏。

1971年8月23日，中国第一艘核潜艇开始航行试验。一波三折，先后经历了国内政局动荡、试航实验设备故障等险情，核潜艇最终经受住了考验，出海20多次，完成200多项试验，反应堆运行数千小时，累计航程6000多海里。我国第一艘核潜艇研制任务，宣告成功！

1974年的八一建军节这天，在渤海湾核潜艇的诞生之地，彩旗飘飘、盛况空前。在这里，隆重举行了我国第一艘核潜艇交艇任命大会。近万名参与研制核潜艇的工作者们聚集在码头空地，共同鉴证这历史性的一刻。

大会开始，时任海军司令员萧劲光代表中央军委宣布："……现决定，将该艇命名为'长征一号'，正式列入海军战斗序列，并授予军旗一面……"一声令下，许多人都流下了热泪。核潜艇首任艇长杨玺更是怀着无比激动的心情正步向前，庄严地接过军旗。随后，在码头边的核潜艇上庄重地举行了升旗仪式。

出发吧，长征一号，带着你的光荣与使命，潜入大洋吧！

出发吧，长征一号，祖国因你而骄傲！

从此，我国成为世界上第五个拥有核潜艇的国家，人民海军昂首挺胸的步入了世界核海军的行列。

首艇下水，标志着中国海军终于向远洋深海的长征路上迈出了第一步。中国第一代核潜艇虽诞生于乱世之中，但中国人民保家卫国的信念，大无畏的精神形成了一股无坚不摧的力量，一股无法撼动的凝聚力。无论是诞生于东北小岛（辽宁葫芦岛）的潜艇船体，还是在祖国腹地山沟中孕育出的核反应堆，都是全国大协作的结晶。核潜艇是一座载体，承载了中华民族最宝贵的品质。

今天，当我们来到位于四川山沟里的核动力研究基地，会看到一块醒目的标志牌，上面写着“情驻山沟，心系国防”。短短一句话，凝聚了几代核动力人的心声。正是因为祖国大地始终有这样一群人，为了我国的国防事业甘愿奋斗一生，才有了祖国今天的富强昌盛，才有了我们的岁月静好。核潜艇的胜利是一群人的胜利，是一代人的胜利，更是一个民族的胜利，值得我们永远铭记。

## 第三节　海上巨无霸核动力航母

### 海上霸主，能攻能守

航空母舰，简称“航母”（aircraft carrier），直译为“飞机载送平台”。顾名思义，它是一种作为飞机海上活动基地的大型水面战斗舰船。航母拥有巨大而平坦的飞行甲板和舰岛，可供舰载机起飞降落，如同一个活动的海上机场。

航母搭载的飞机各个本领高强，有战斗机、攻击机、预警机、反潜机、运输机等，都是武林中称霸一方的高手，他们组成联队，一旦杀入战场，就可像利箭一样直插海空。除此以外，航母还是移动的武器库，导弹、高炮、高射机枪让人应接不暇。

相比战列舰，航母是否具有绝对优势呢？答案是肯定的。这是因为，在海上对阵时，航母能一直处于战列舰的高炮射程以外，让敌人束手无策。同时，航母轮番派出飞机攻敌，飞机灵活机动，目标小，不易被击中，让战列舰只能疲于招架，却无还手之力。正可谓能攻能守。

当航母在海上游弋时，身后追随着一帮舰船，辽阔碧波上，只见它气定神闲，威风凛凛，即便身处惊涛骇浪，依然稳如泰山，尽显王者风范，不愧为“海上霸主”。而成就“海上霸主”的，毫无疑问，正是它的能量之源——动力系统。

## 双心联动，所向披靡

按照动力系统的不同，航母分为常规动力航母、核动力航母。

常规动力航母最早发展起来，始于第二次工业革命以后，主要靠燃烧石油产生的能量，带动蒸汽轮机和燃气轮机作功，驱动航母螺旋桨。航母在海上行驶的距离和时间受限于装载的石油燃料，由于化石燃料的热效率非常有限，因此，每次出航需要携带大量石油，这不仅会占用航母的存储空间，也大大限制了其续航能力，航母的容量和吨位也受此影响。除此以外，燃烧石油排放烟气，需要设置高耸的烟囱，会增加其暴露风险，高温废气还会影响飞机起降，干扰电子设备和天线。

核动力航母全然没有上述这些烦恼。

与核潜艇的动力装置类似，核航母的动力系统由核反应堆、蒸汽发生器、稳压器、汽轮发电机等部件组成。根据人们的需要，核燃料在核反应堆中受控制的发生链式裂变反应，从而释放能量，这些能量储存在水蒸气中，由水蒸气推动汽轮机叶片旋转做功产生电能，驱动航母螺旋桨的同时，满足整个舰上设备的用电需求，包括整个作战系统、航空保障系统，以及舰上人员的后勤保障系统。

为了给航母提供充足的电量，维持其无限续航能力，绝大多数航母都安装了 2 座核反应堆和 4 台蒸汽轮机。如此一来，核航母上只需添加一次核燃料，就能以 30 节的高速连续航行 30 万海里，在核航母的整个寿命期内都并不必再给它补充“粮食”。因此，核航母不必像常规动力航母那样背负沉重的燃料，或完全依赖岸上军事基地。

核动力使航母节省出大量的空间和载重吨位，一方面可以储备更多的航空燃油，满足舰载机的作战需要；另一方面可以装载更多的武器装备和人员。同时，几近无限的能源极大地改善了舰员的居住环境和工作条件。

由于核燃料无需氧气，不需要像常规航母那样装置庞大的进气、排气系统，从而简化了船体结构，也大大降低了因高温排气带来的红外特征，减少了被敌方侦查的概率。

核动力航母在双心联动的强力保障下，实力直线提升，在海上对战中以一骑绝尘的优势独占鳌头，所向披靡。

## 漂浮的城市

你若亲眼见过核航母的尊容，一定会为之折服。

以美国现役的尼米兹号核航母为代表，航母的甲板比三个标准的足球场还大，它的个头比我国著名的黄鹤楼还高！从舰体龙骨到飞行甲板，再到上层建筑，共20多层，总高超过70米。

除了宏伟的外观，其内部结构也大有乾坤。航母内部被甲板或平台分隔成了若干“楼层”，各层楼高度不同，根据舱室的布置进行特殊设计。如用于停放舰载机的机库甲板高达8.1米，而船上人员的工作舱和生活舱普遍不超过2.5米。尼米兹号上大大小小设置了2000多个舱室，舰上同时容纳超过5000名人员。

两座核反应堆为核航母提供了近乎于无限续航的高速航行力，8台8000千瓦的汽轮发电机产生的电量可满足十万人口的城市使用，4台海水淡化装置每天为核航母提供一百多万升淡水，足够的空间备齐了所有舰上人员九十多天的食物和生活必需品。

这里除了工作及设备舱室外，生活舱室也一应俱全。有宽敞整洁的居住舱、配备了专业厨师的厨房、称得上开阔的餐厅、提供电影电视的娱乐休闲区，还有健身房、洗衣房、超市、邮局等，就连医院、警察署、教堂、殡仪馆都有。

核动力航母真可谓一座漂浮在海上的独立城市，不折不扣的海上巨无霸啊。

•小故事•

## 传奇的企业号航母

美国历史上有许多经历非凡的核动力航母，但身世最为传奇的，当属第一艘核航母——企业号。

自从美国的第一艘核潜艇鹦鹉螺号研制成功以后，美国海军信心大增，开始着手建造第一艘核动力航母，并取名为企业号。企业号核动力航母是世界上第一艘使用核反应堆作为动力系统的航空母舰。它的问世使世界航空母舰的发展进入了全新的时代。

企业号的英文原名为 enterprise，含有“勇往直前”的意思，而它传奇的一生，完美的刻画了这种不惧不畏的品格。

1958 年，企业号在美国国会的批准下开工建造，三年后正式完工服役。企业号航母由于采取核动力推进，续航能力非常了得，在 20 节航速时，续航力达 40 万海里，相当于绕地球 13 圈且无需补充燃料。1964 年 7 月，企业号驶离直布罗陀海峡，开始了史无前例的环球航行，历时 64 天，以平均 22 节的航速航行了三万多海里（约合五万公里），顺道访问了巴基斯坦卡拉奇、巴西里约热内卢、澳大利亚悉尼等地，途中没有进行过能源补给，充分展示了核动力航母的强大续航能力。这一环球壮举，直接导致美国海军下定决心，由核动力航母替全面代常规动力航母。时至今日，美国现役的 11 艘航母全为核动力航母。

虽然核动力航母如此出众，让各国垂涎，但其复杂的核动力装置和高昂的造价，并不是人人都能承受的。目前，已经成功建造了核航母的国家只有两个，一个是美国，另一个是法国，就连俄罗斯也还在为之奋斗。可见，要想造出核航母绝非易事。不过，为了维护海上主权，增强海上实力，核航母可谓是必然选择。那么，日渐强盛的中国是否也能造出我们自己的核动力航母呢？让我们拭目以待！

# 第四节 核动力破冰船的极地探险

## 向着北极前进

尽管世界上不少国家都已拥有自己的破冰船，但迄今能够建造核动力破冰船的国家唯有俄罗斯。俄罗斯坚持破冰船的研发，使他成为北极圈当之无愧的“霸主”。

俄罗斯建造核动力破冰船的历史始于 20 世纪 50 年代的苏联时期。苏联有着漫长的北冰洋海岸线，一到冬天就会冰封航道，寸步难行。

靠近北极圈的西伯利亚地区，冬季长达 10 个月，最低气温超过零下 60 度。西伯利亚以北的北冰洋冰层厚度一般为 1.2~2 米，而北极海域中心区域的冰层厚度更是高达 2.5 米。北极点的天气与地理状况对交通工具的要求非常高，普通破冰船动力不足，在高纬度地区无法冲破厚厚的冰层，因此不能完成北极点的探险。然而恶劣的条件并没有吓退剽悍的“战斗民族”，他们想法设法逼近极地，开辟航道。

二战结束以后，苏联着手研制军用核潜艇，同样是提供能源，如果把核反应堆安装在破冰船上，极地探险或将不再是梦。说干就干，前苏联立刻决定启动核动力破冰船的研制。

显而易见，在气候极端恶劣的北极航行，核动力破冰船有许多优势，核反应堆提供的能量，不仅可以保障船只突破厚重的坚冰，还能长时间续航，整个服役期间，甚至无需补充新的核燃料。

## 左摇右晃，横冲直撞

那么，破冰船是如何工作的呢?

常规动力破冰船是靠自身重量，外加其前后左右水舱注满水后的总重量来压碎冰层而破冰的。当破冰船向前破冰时，先把后水舱注满水，让船艏上翘前行，使船身前半部分压在冰层上；然后再将前水舱注满水，同时让后水舱排水，随着船的重心前移而将冰层压溃。当需要左右破冰时，则使破冰船左右水舱交替注水，使船身左右摇晃而破冰。

但在冰层较厚时，常规动力的破冰船就不好使了，因为动力系统提供的能量有限，破冰船无法犁破坚冰，很快就会面临返航的尴尬境地，如果要去远离大陆架的海域航行，就必须得出动核动力破冰船了。

核动力破冰船一般采用连续式和冲撞式两种破冰方法。当冰层厚度不超过 1.5 米时，采用连续式破冰法。主要靠螺旋桨的推进力和坚硬的船艏直接将冰层劈开撞碎。此时，破冰船在冰海区的航速还能维持在 9 千米 / 时，大概相当于我们在平路上骑自行车的速度，这已经是非常了不起的速度了！如果遇到冰层较厚，庞大的核动力破冰船就会直接冲撞上去，轻而易举的将船体下面厚厚的冰层碾碎。接着，破冰船只需倒退一段距离，然后开足马力再冲上前去，把新的冰层压碎。如此反复，就开辟出了新的航道。

## 硬核心脏，堪比航母

与核潜艇一样，核动力破冰船也拥有硬核心脏——核反应堆。核动力破冰船通常拥有一座小型核反应堆，而世界上最大的核动力破冰船——“北极”级破冰船则拥有两座核反应堆，这赋予了它航母级的核动力，可以轻而易举的破碎 3 米厚的冰层，让别的破冰船兄弟们瞠目结舌。

## 不能缺席的冰上丝绸之路

如今，人们已经意识到了北极圈的战略意义越来越重要，俄罗斯人将大西洋—北冰洋—太平洋黄金航道称为“北方航道”，中国人则给这一航道取了一个更加浪漫的名称——“冰上丝绸之路”。

为了打造“冰上丝绸之路”，也为了保卫国家安全，中国必将在北极圈占有一席之地。目前，我国已正式启动了核动力破冰船的研制项目，相信在不久的将来，北极圈的格局将有所改变。

## 乘核动力破冰船去北极观光

为了满足人们对极地探索的热切期盼，俄罗斯已将核动力破冰船投入旅游业，开发了可供人们前往北极探险的航道。乘核动力破冰船去北极观光已成为新的时尚。

从莫斯科乘飞机出发，到达摩尔曼斯克——北极圈唯一的不冻港，搭上北极巨无霸“50 年胜利”号核动力破冰船，进入豪华宽敞的船舱，开启北极之旅。你可以随时欣赏北极冰川的震撼景观，也可以在温暖如春的船舱内品尝美食、欣赏音乐、休闲娱乐。当然，如果你有幸登上这艘船，一定不要忘了近距离参观它的心脏——发动机舱，看看那些大部头设备，以及堪比蛛网的管线系统。不过，出于安全，我们只能大概了解核反应堆所处的位置。记得和海狮海豹打个招呼，跟北极熊问声好（见图 3–5）。

图 3–5　北极

最后，祝你旅途愉快。

核能在海上的利用，打开了和平利用核能的新局面，因为舰艇上的反应堆可以作为核电厂的原型，所以接下来，是时候去看看美丽而神秘的核电厂了。

第三章

03

# 魅力核电厂
## 第二部分

# 第一节　什么是核电厂

## 猜猜看，哪一座是核电厂

你能猜出图 3-6 中哪一座电厂是核电厂吗？

图 3-6　风电厂、水电厂、火电厂、核电厂

以上无论哪种电厂，其发电的本质都是能量转化的过程。水力发电是利用水位落差，将水的重力势能转为水轮机的机械能，再用机械能推动发电机，产生电能。风力发电是把风的动能转变成机械动能，再把机械能转化为电能。火力发电是指利用化石燃料燃烧时产生的热能来加热水，使水变成高温、高压的水蒸气，然后再由水蒸气推动发电机转动产生电能。而核电厂的发电方式与火电厂最为相似，只是用到的燃料大有不同。

核电厂与火电厂的主要区别为“锅炉”不同，火电厂的“锅炉”是烧煤的锅炉，而核电厂的“锅炉”则是核反应堆。图中的圆顶建筑是核电厂的标志性建筑，它是核电厂的“锅炉”厂房，封闭而坚硬，能够抵御飞机、炸弹的撞击，还能抵御强烈的地震和海啸，承担着守卫核反应堆、保障反应堆安全的光荣使命，我们称它为安全壳。由于核电“锅炉”不会向外排放气体，因此安全壳头上没有烟囱。核电厂厂房示意图如图 3–7 所示。

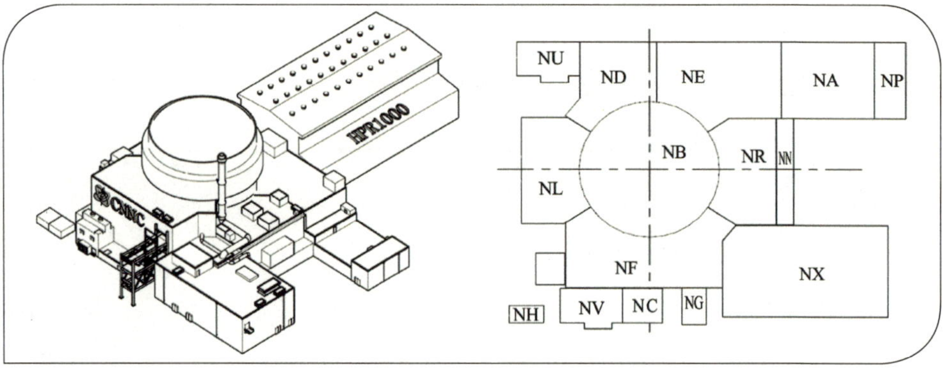


图 3–7　核电厂厂房图

## 核反应堆家族

虽然核电厂的外形大同小异，但核电厂中的核反应堆却有一个庞大的家族。核反应堆的类型，我们简称为堆型。民用核电厂历经七十多年的发展，新旧更替，已经发展到了四代堆型。一代比一代安全，是核反应堆家族的典型特点。

目前，世界核电厂处于四代同堂的局面。

一代堆型是世界上的首批反应堆，被作为原型堆，开创了人类和平利用核能的先河。由于一代堆型结构简单，安全性考虑不足，已被逐渐淘汰，退出了历史舞台（著名的切尔诺贝利核电厂使用的正是一代堆型）。

二代堆型是 20 世纪 70 年代以后发展起来的，以其安全、稳定和经济性而名声大震，二代堆型将核电厂的优势发扬光大，使核能成为一些发达国家的主要能源。如今二代堆型依然身负重任，是目前核电市场上的主力军。

到了本世纪初，三代堆型在二代堆型的基础上，改良了安全系统，提高了安全等级，成为目前安全等级最高的堆型。三代堆型已经受住了严苛的考验，已有核电厂建成并发电，更多的核电厂正在如火如荼的建设中。为了保证核电厂的运行安全，我国要求新开工建设的核电厂必须使用三代堆型，因此三代堆型即将成为主流。

毫无疑问，安全就是核电发展的生命线，在安全这条道路上，科学家和工程师的追求永无止境，安全依然是第四代堆型的使命之一。除此以外，四代堆型还具备废物产生量小，经济性显著优于化石燃料等特点，目前正在研发中。相信不久的将来，我们会迎来核电的新纪元，创造更安全更智能的核电宝宝。

## “老大哥”压水堆

还记得上一章《应用之妙（1）海上核能》中关于反应堆的内容吗？实际上，核电厂中的反应堆与核潜艇、核航母使用的反应堆，采用了相同的原理。与海上核能相似，压水反应堆（简称“压水堆”）是目前核电厂中应用最多的反应堆，算得上是家族中挑大梁的老大哥。

压水堆包括核反应堆、蒸汽发生器、汽轮机、发电机、冷凝器等设备，通过管道将这些设备连接起来组成了两个封闭的循环回路，分别为一回路和二回路。反应堆堆芯无疑是最重要的设备，核燃料在那里尽情“燃烧”，释放能量。然而，要将这些能量传递出去，我们必须借助一些“搬运工”，这些“搬运工”在反应堆中发挥着重要作用，很了不起。

那么，谁是能量的“搬运工”呢？

## 兢兢业业的能量“搬运工”

当反应堆堆芯不断发生核裂变反应，并稳定的释放能量时，能量以热量的形式首先来到了一回路系统。一回路中充满了水，可别小看了这些水，他们都是能量的“搬运工”。

由于一回路的压力非常高，就像一口高压锅抑制了水的沸腾，即便温度达到100 ℃以上，一回路的水也不会沸腾。这些高压水充分吸收了堆芯产生的热量，一刻不停地将能量安全地运送到二回路系统（见图3-8）。

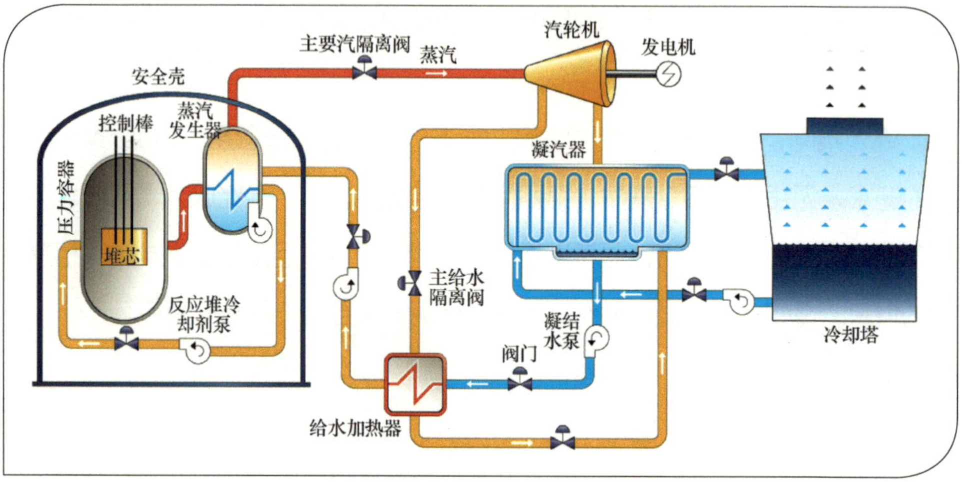


图 3-8　发电原理图，标注一回路、二回路系统

二回路不是能量传递的终点，许许多多的“搬运工”在此待命，准备将热能传递到下一个环节。而这些“搬运工”同样是水，不过和一回路中的不同的是，它们只是普通水，运输能量的过程中，受热沸腾，就变成了水蒸气。当这些水蒸气推动汽轮机转动，热能就变成了机械能，至此，水的任务总算完成了。然而，使命还未结束，这些从汽轮机排出的水蒸气会在第三个回路中被冷却，再次回到二回路中，经过一种叫做蒸汽发生器的换热器，成为水蒸气，继续下一个任务，

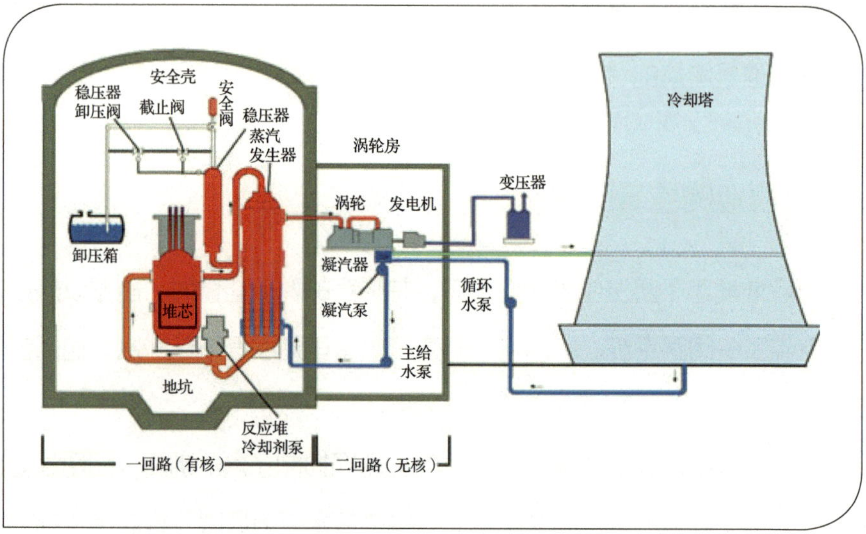


图 3-9　核电厂发电原理图

周而复始，生生不息（见图 3–9）。

值得一提的是，为了防止接触核反应的水将放射性物质带出反应堆，一回路与二回路是完全隔离的，因此两个回路的“搬运工”虽朝夕相处，却永远无法见面。这样一来，放射性物质就被控制在一回路了，从而降低了放射性外泄的风险。

### 精密的能量转换

从热能到机械能，水完成了能量的传递任务，然而核电厂的能量转换尚未完成。

转动的汽轮机带动发电机旋转，利用法拉第电磁感应定律进行发电，最终实现机械能到电能的转换。这就是核电厂发电的基本原理。

核电厂的发电原理清晰明了，看似简单，然而为了保证整个传递过程万无一失、没有破绽，核电厂中设置了几百个系统相互协调、相互支持、相互制约，因此，核电厂的控制系统是目前工业领域最复杂最精密的系统。

核电厂的能量转换过程：核能→热能→机械能→电能。

## 第二节　有趣的核电厂之最

### 世界第一座核电厂

奥布宁斯克核电厂是世界上首个发电的核反应堆，于 1954 年 6 月 27 日在俄罗斯卡卢加州奥布宁斯克正式运行，其燃料为浓缩铀，采用石墨水冷却堆技术，装机容量为 5000 千瓦，为苏联农业生产项目提供所需电力。

虽然发电量较小，但是奥布宁斯克核电厂的建成却是世界公认的人类科学与技术发展过程中标志性时刻，它标志着人类正式掌握了原子能的和平使用方式。同时，在建造核电厂期间，科学家们积累了大量宝贵的经验，为世界核能后续提供了技术积累。

2002 年 4 月 29 日 11 时 31 分（莫斯科时间），这座已经安全运行了 48 年的核电厂正式关闭。现在奥布宁斯核电厂变身为俄罗斯一座博物馆和科技馆，命名为：“奥布宁斯克科学城”。

## 最会省钱的核电厂

核电家族中的沸水堆十分特别，它比压水堆少一个回路，使用水作为慢化剂和冷却剂。水通过反应堆堆芯时被加热，转化为蒸汽后直接推动汽轮机。由于少了一个回路，沸水堆相比压水堆减少了大量的设备，因此降低了成本，堪称最会省钱的核电站。虽然节省了成本，但能量的“搬运工”——水沾上了反应堆堆芯的放射性物质，却没有被物理隔离，导致最后产生电能的过程充满了核辐射危机。因此，这类反应堆虽然造价较低，但因其严重的安全隐患，已逐渐被人们淘汰了（见图 3–10）。

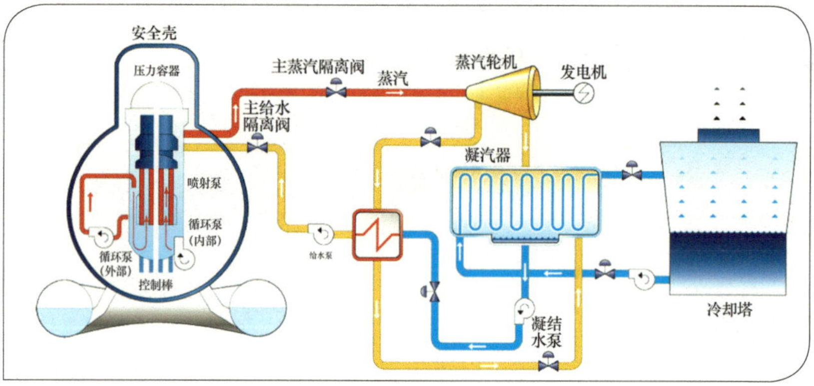


图 3–10　沸水堆

## 最赚钱的核电厂

为了保障安全，核电厂的成本十分高昂，三代核电厂在建造初期，甚至会投入几百上千亿人民币。如此造价不菲，却依然受到了人们的热烈追捧，这是因为拥有一座核电厂，几乎就等于拥有了一台无敌印钞机。

下面我们来算一笔账：一台百万千瓦级的核反应堆，一小时发电一百万度，在我国，每度电的售价为 4 毛钱，因此一小时就能产生 40 万元的收入，一天 24 小时就是 960 万元，一年 365 天，由于核反应堆可以一刻不停的工作，算算一年的收入是多少呢？ 35 亿人民币！

如果一座核电厂拥有 6 座百万千瓦级反应堆，每年又会创造多少收入呢？有兴趣的你可以亲自动手算算，数字将非常惊人。世界上是否存在这样赚钱的核电厂呢？

## 最勤奋的核电厂

一般的核电厂在工作 12~18 个月后就需要关闭反应堆，更换反应堆内部已经烧尽的核燃料并对反应堆进行维修，这样一来，核电厂就不得不面临一定的经济损失（参考前面的计算），有没有哪种核电厂可以做到一刻不停的工作呢？来自加拿大的 CANDU 核电厂举起手来，大声说："I Can Do It（我能行）！" CANDU 核电厂堪称核电圈的劳动模范，更换核燃料的时候也可以一直保持工作状态。

CANDU 核电厂是一种压力管式重水堆核电厂，它是重水堆核电厂家族的成员之一。相比于压水堆，重水堆的慢化剂和一回路冷却剂都用的是重水（$D_2O$），分子式（$D_2O$），相比于生活中使用的水（$H_2O$），它的质量更高，由于重水对中子的慢化性能好，吸收中子的概率小，因此重水堆可以采用未经浓缩的天然铀做核燃料。

CANDU 型堆的特点使用卧式筒形容器代替压水堆的立式压力容器，容器内贯穿有许多根独立的水平管道，管道内存放燃料棒束和重水。通过筒形容器两端的换料机，可以更换某根燃料棒而不影响反应堆的正常运行，做到不停堆换料。

## 中国第一个核电品牌

在我国核电发展起步阶段，中国核电厂使用的大型反应堆大多是国外的舶来品，少数为混血儿，也就是说，中国虽然是五大有核国之一，长久以来却没有自己原创的大型反应堆，直到"华龙一号"的出现才打破了这种格局。

“华龙一号”反应堆拥有纯正的中国血统，是我国新一代的国家名片。“华龙一号”凝聚了中国核电科学家和工程师们三十年的智慧与心血，拥有非常先进而完善的安全设计理念，其安全指标和技术性能达到了国际领先水平，是不折不扣的三代堆型。

全球首台“华龙一号”于 2015 年 5 月落地中国福清核电厂。随继，“华龙一号”走出国门，相继出口巴基斯坦和阿根廷，成为我国“一带一路”倡议中最闪亮的明星（见图 3–11）。

图 3–11　华龙一号

## 第三节　操纵核电厂的“黄金人”

### 什么是“黄金人”？

“黄金人”是核电厂操纵员的别称，20 世纪 80 年代末，我国核电刚刚起步，主要依靠引进国外技术来建设和管理核电厂，因此，我国第一批核电厂操纵员是在法国进行培训的，为了让操纵员的能力能够与国际接轨，企业找了最好的老师，按照国际一流水平对每位学员进行培训，在操作员培训上投入了大量的资金。第一批操纵员的培训费用高达约 150 万元人民币，比飞行员的培训费还高，相当于普通人体重的黄金重量，所以他们又被习惯地称为核电“黄金人”。

## 严格的选拔制度

操纵员是核电厂最核心的技术人员，因此对于他们的要求也是最严格的，他们要能够管理整个电厂，所以他们需要掌握有关核电厂的所有知识。

操纵员一般需要接受超过 4 年时间的培训，学习 100 多门课程，经历大小几十次考试，其考前复习强度不亚于高考冲刺。最后，他们要通过国家能源局、核安全局组织的笔试、面试和实操考试，方能取得上岗资格。对于操纵员和高级操纵员，每个人一生中只有 3 次考试机会，一次性通过率只有 40% 左右。如果第一次考得太差，就可能面临淘汰。

当然，除了上面说的各种考试，想要正式上岗还要累积几千小时的实操经验，熟悉数千个工作原理，穿梭于上万个管道阀门之间。而且操纵员的资格并非终生有效，定期的培训仍会继续，每两年要重新考一次执照，离开岗位 6 个月执照就会自动失效。

## 比机器更可靠的人

如果把核电厂内的各个设备和系统比作交响乐队的乐手们，那么操纵员就是这只乐队的指挥家。乐手能否各尽其责、配合流畅，乐队能否凑出优美悦耳、震撼人心的乐曲，指挥家在其中起决定性作用，而核电厂能否安全稳定地运行，操纵员的作用至关重要！

操纵员身上担负着核电厂重大的安全责任，为了守护核电厂的安全，操纵员不仅要熟悉核电厂所有相关知识，还要具备快速发现问题和果断处理异常的能力，更要具备准确和高效的沟通协调能力。举个例子，为了确保信息能够准确传递，核电厂要求操纵员与工作人员口头沟通交流时采用“三向交流”方法，即传递信息时，信息必须通过发送、复述和确认，确保信息准确从发令者传递给接收者。举个例子，假设你给妈妈打电话，说周六你想和东东一起出去玩，妈妈说好，然后通话就结束了。操纵员不能这样，你跟妈妈说：“周六我想和东东一起出去玩。”妈妈需要回答：“你是说周六你想和东东一起出去玩吗？”然后你再回复：“是的！”这样通话才算完整。

## 操纵员的工作地点

操纵员的工作地点在主控室，它好比核电厂的大脑，是对核电厂进行监督、控制和操纵的场所，也是保障核安全的最重要部位。主控制室设有监测仪表、报警装置、调节器控制指令设定装置以及手动指令控制器等。在主控制室内要执行核电厂的起动、发电运行、停闭等操作，并且在出现系统或设备故障时进行事故处理操作。

一般情况下，主控室里有 5 位人员，值长是值班 5 个人中的领导，值长总揽全局，却没有操作权限。其余 4 名负责操作的人员各司其职，分工明确，确保核电厂安全运行。如果发生事故，操纵员需要立刻采取措施保证核电厂返回安全状态（见图 3–12）。

图 3–12　核电厂操纵员

# 第四节 核电厂安全吗?

## 核电厂不会发生核爆炸

尽管核电厂发电与原子弹爆炸的原理都是利用核裂变链式反应，但是两者由于用途不同，在设计上有着天壤之别。首先说答案，核电厂绝不会像原子弹那样爆炸，两者属于同宗不同源的核能利用。

原子弹使用的是浓度高达 90% 以上的核燃料，通过引爆高能烈性炸药，利用爆炸产生的冲击波将中心的核材料压紧，形成失控的链式裂变反应，瞬间产生大量能量，发生核爆炸。

而核电厂的核燃料浓度远远低于原子弹，其燃料浓度一般不超过 5%。原子弹好比高度白酒，一点就着，而核电厂如同啤酒，无论怎样点火都无法燃烧。同时，核电厂内发生的链式裂变反应是可以被人为控制的，操纵员可以通过控制棒随时控制反应堆内核反应的速率，确保可裂变原子核吸收的中子和释放的中子数量相同。即使不发生爆炸，有放射性物质泄漏也是不允许的。核电厂主控室示意图见图 3-13。

图 3-13 核电厂主控室

核电厂建造前会从地质地震、水文、气象、人口分布等多个方面进行严格筛选，这样精挑细选出来的“风水宝地”能够确保核电厂不会因自然事故发生危险。

另外核电厂在设计时还会使用“三道屏障”与“纵深防御”。

## 核电厂的三大护法

“三道屏障”堪称核电厂的三大护法。下面就让我们一起来认识他们吧。

第一道屏障：核燃料芯块和燃料包壳。核燃料既是核电厂的能量来源，也是放射性物质的主要来源，燃料芯块和燃料包壳将核燃料包裹在其中，形成第一道屏障。还记得《海上核能》中提到的，芯块和包壳使用的都是非常神奇的材料吗，既不会吸收中子，又能屏蔽辐射。

第二道屏障：一回路及压力边界。核裂变反应在反应堆中发生，产生了很高的能量，在密闭的容器中形成高温和高压环境，而压力容器就是一口特殊的“高压锅”。压力容器使核能物尽其用，同时也让放射性物质不发生泄漏。压力容器就像一个不倒翁，当外界变化时，能自行回到原来的安全状态。

第三道屏障：安全壳。安全壳就是核电厂厂房中的圆顶建筑。从外形上看并不高大威猛，甚至有点憨态可掬。然而这座矮胖建筑的实力可不容小觑。它包容了核电站反应堆中的所有放射性物质，内外部装置各有妙用。安全壳内部设置了许多防止事故发生的装置，比如巨大的喷淋头，随时准备着为反应堆降温。安全壳外部坚硬无比的躯壳能够抵御波音 747 大飞机的撞击，也能在地震、海啸中岿然不动。作为保卫核电站的最后一道安全屏障，安全壳底气十足。

安全壳让核电厂实现了“里面有事，外面无事；外面有事，里面无事！”

## 以人为本的纵深防御

拥有了三道安全屏障护体，核电厂好似“金刚不坏”之躯，但坚固并不是核电站追求的唯一目标，输出稳定的电源，造福人类才是核电站的根本使命。因此，为了保证安全的能量输出，核电站还充分考虑了设备故障和人因失误等可能的安全隐患，从而设置了多重设备和操作程序，确保万无一失。

我国的核电厂自建成以来的三十年里，创造了安全无事故的业界佳话，令世界瞩目。

## 第五节　核电厂周边诱人的美食

不排放污染气体，无需大量燃料使核电成为名副其实的绿色能源。我国的核电厂几乎全部建在沿海地区，坐拥美丽的海滨景色，由于环境保护得当，生态资源丰富，核电厂周围受到越来越多的珍惜动植物的喜爱，每年冬天，候鸟迁徙，都能在南方的核电厂周围看到盛况空前的鸟群，越来越多的珍惜鱼类也选择来到核电厂附近安家，深入核电厂。甚至还能发现一些濒危动植物。

如今，越来越多的核电厂开始推出旅游线路，如果有机会到核电厂旅游，除了观赏美景，一定要记得尝尝核电厂周围的美食哦，今天就给大家介绍几座南方核电厂诱人的当地美食。

### 秦山核电厂

图 3-14　核电厂周围生态美景

秦山核电厂是中国大陆第一座自行设计、建造和运营管理的商用核电厂，誉为“国之光荣”。秦山核电厂于 1983 年开工建设，1991 年首次发电，三十多年来，创作了一个又一个奇迹。这里汇聚了我国乃至全世界最庞大的反应堆家族。不同发电量、不同堆型的家族成员和谐的栖息于此，每年向华东地区稳定输出电源 500 亿千瓦时，为华东地区做出的环保贡献，相当于种植了上亿棵绿树，可以覆盖 375 个西湖。如果你只去一座核电厂参观，那么秦山核电厂一定是你的不二之选（见图 3-14）。

秦山核电厂地处浙江省嘉兴市海盐县，是一座美丽的海滨小城。嘉兴粽子香飘万里，堪称国货佳品。除此以外，还有下面几道小吃不容错过。

## 馄饨老鸭煲

馄饨老鸭煲是一道嘉兴西塘的土菜（见图3-15），据说是烧窑工发明的，既可以当菜吃，又可以当点心充饥。流传至今馄饨老鸭煲已成为当地饭馆必备菜肴，鸭汤烧开后下馄饨，滚开至馄饨浮起透明加入小菜苗，鲜上加鲜，令人回味无穷。

图 3-15　馄饨老鸭煲

## 毛豆、菱角

毛豆、菱角是嘉兴地区的传统家常小菜（见图3-16）。选用上等饱满的毛豆和菱角，去壳的毛豆和去掉两层皮的菱角用温水浸泡，再放入锅中加调料煸炒。去掉内皮的菱肉烧熟后一只只晶莹剔透，再配上青青的毛豆，软软糯糯，令人垂涎欲滴。

图 3-16　毛豆、菱角

## 姑嫂饼

姑嫂饼是嘉兴乌镇传统小吃（见图3-17）。姑嫂饼是由白面粉、黑芝麻、猪板油、糖粉等食材烹制而成，呈扁圆形，形状酷似棋子，比棋子略大。由于体积小，厚薄均匀，可一口一个，深受喜爱。

图 3-17　姑嫂饼

## 田湾核电厂

位于连江苏省云港市连云区的田湾核电厂（见图3-18），是中俄两国迄今最大的技术经济合作项目。田湾核电厂背依云台小岛，海水环拥，景色十分秀丽，它周围的美食也一定会让你食欲大开。

图 3-18　田湾核电厂

## 沙光鱼

沙光鱼生活在海水和咸淡水中，鱼肉鲜嫩，适合做成鱼汤或红烧沙光鱼，还被列入过《中国名菜谱》，是连云港的知名特产（见图3–19）。沙光鱼不仅味道鲜美，营养价值还很高，秋天的沙光鱼正是肥美，来上一碗沙光鱼汤，滋补身体，很是舒畅。

图 3–19　沙光鱼

## 东方对虾

东方对虾是连云港知名海珍之一，一般称其为对虾，味道鲜甜，采用极简的烹饪方式就能尝到其独特的美味（见图3–20）。东方对虾一般用盐水简单煮食，这样既能品尝到东方对虾的鲜味，又能保留其营养价值。

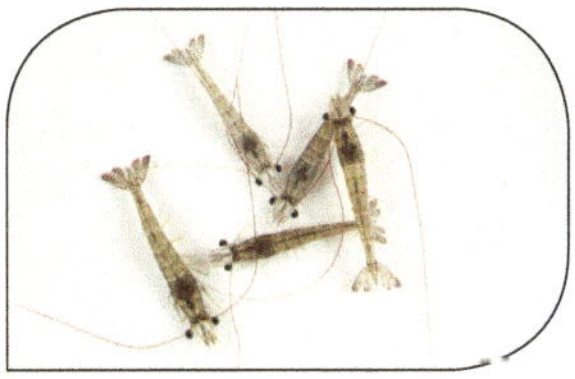

图 3–20　东方对虾

## 海蛏

连云港靠海吃海，海蛏是连云港的特产之一，适合爆炒或者清水煮食，味道鲜美，肉质细嫩。连云港的海蛏肉肥，用大火炒出来的海蛏特别香（见图3–21）。

图 3–21　海蛏

## 东海小公鸡

连云港的东海小公鸡是当地的家常菜，选用肉质细嫩的小公鸡，品种一般是草鸡，富含营养又适合热炒（见图3–22）。东海小公鸡采用红烧技法，肉质鲜嫩有嚼头，香辣味美。

图 3–22　东海小公鸡

截至2020年年底，我国运行的核电机组多达50台，位列世界第三，由南向北跨越八个沿海大省，拥有看不够的美景，享不尽的美食，每一处都各有特色，让人流连忘返。在你前往核电厂实地考察之前，可以先做做功课，找出你最想亲自一尝的佳肴。悄悄说一句，可别忘了与我分享哦。

## 小知识

世界上拥有最多核电机组的国家是美（94 台），第二名是法国（56 台）。

第三章

03

# 我们身边的核技术

## 第三部分

核能除了可以作为动力源以外，更为广泛的应用其实就在我们身边。比如医院的X光片检测、地铁站的安检机、放射性治疗肿瘤，等等。以上这些被统称为“核技术应用”，主要是指核技术在非动力领域的应用。核技术应用以放射性射线为基础，在工业、农业、医学、考古、环境等领域都发挥着举足轻重的作用，如今，正越来越深地影响着我们的日常生活。

## 第一节　什么是射线

提到射线，也许你会立刻想到数学几何中的定义：只有一个端点，无限延长的直线。

在物理世界中，射线的英文单词ray，源自拉丁语，意为光束。想象一下，一束光从光源发出，沿直线射出，在遇到阻碍之前，会一直传播下去。早期的物理学家通过对物质的观察与实验，逐渐发现在可见光之外，还存在着具有能量的粒子流和光子束，于是他们扩展了射线的定义，并开始寻找自然界中看不见摸不着的神奇射线。

认识射线，物理世界的许多线索都会像珍珠一样串联起来，核能的世界也将更加清晰。

### 伦琴太太的手骨

1895年，一张公开发表的照片引起了社会各界的轰动。这张照片上赫然显示着一只女人的手骨，无名指上还带着戒指。

要是放到今天，也许你会丝毫不会惊讶，甚至会说：这不就是X光片吗?

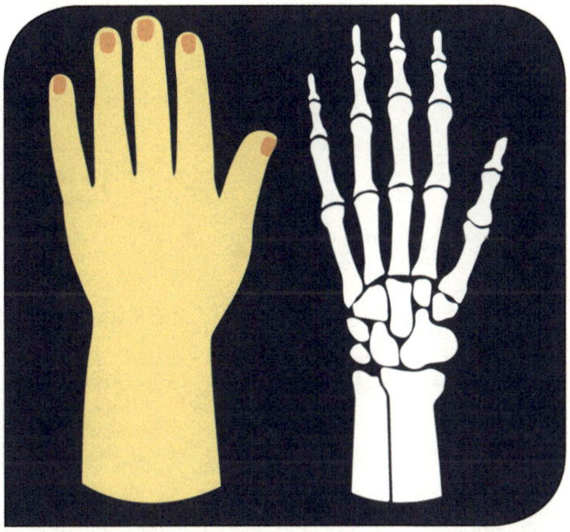

图3-23　手骨图

（见图 3-23）当我们在生活中不小心伤到骨头，医生通常会建议我们拍一张 X 光片，甚至当我们感冒时，医生也会建议我们拍一张 X 光片。现在，X 光片已经成为一种非常普及的医学检测手段了，X 射线可以穿透皮肤，使我们的骨骼或器官成像，帮助医生诊断病情。这是一种经济而高效的医学手段，让我们避免了许多活体解剖带来的伤害。

那么，是谁最早发现了 X 射线，X 射线到底是一种什么神奇物质呢？

事情得从 1895 年 11 月 8 日这天说起，一位叫做伦琴的德国物理学家像往常一样走进自己的实验室，例行检查着自己的实验。伦琴所做的实验在当时的物理学界非常时髦，许多物理学家都在“鼓捣”一只真空密封的玻璃管，通电以后，会从电极的阴极自行放出幽幽的光线，这束光被称为“阴极射线”，阴极射线通常能在真空管中传播七八厘米，而这个实验则被称为“阴极管实验”。伦琴在这个实验基础上做了一点改进，加入了一块用荧光晶体做成的屏幕，并用黑色的纸板遮蔽了所有的可见光。然而，奇特的事情发生了。

伦琴注意到，在他伸手不见五指的暗房实验室中，竟然有一束微弱的光线，这束光线毫无疑问是从他的实验装置中发出来的，这束不同寻常的光线穿透了纸板，甚至穿透了挡在前面的木料，最后打在了水泥墙面上。他惊讶坏了，很显然，这可不是什么“阴极射线”。伦琴拿不准这么强有力的射线到底是什么，思来想去，给它取了一个数学符号中代表未知数的 X，于是，X 射线诞生了。

两周之后，伦琴请他的太太做模特，用 X 射线对着伦琴太太的左手拍下了一张照片，并把它作为图示放进了论文，伦琴公开发表了他的新发现，这就是世界上第一张 X 射线照片。

后来，人们为了纪念伦琴，将 X 射线称为“伦琴射线”，凭此发现，伦琴获得了诺贝尔物理学奖。

虽然 X 射线被发现了，但是，X 射线是如何产生的呢？科学的谜题还未解开，物理学家们继续着他们的“游戏”。

## 不一样的“夜明珠”

1896 年 1 月，伦琴发现 X 射线三个月以后，一位来自法国的博物学家注意到了 X 射线与荧光现象之间的惊人联系。

这位博物学家叫做贝可勒尔，他是巴黎自然历史博物馆的馆长，他的父亲、祖父都是法国著名的物理学家，家族中收集了大量发光的矿石。这些矿石就是我们所说的“夜明珠”。

古时候，“夜明珠”一向是皇家尊崇的神奇宝物，一些矿石在白天接受了太阳的光线，晚上就能在漆黑的房间中发出荧红虫般的光芒，十分奇特。像这样的荧光物质自然也是不少西方物理学家的宠儿。

贝可勒尔一生致力于研究这些矿石神奇的发光现象，当伦琴的X射线刚问世，立刻引起了贝可勒尔的强烈兴趣。很快，一颗“珍珠”就要串在线索上了。

贝可勒尔联想到，这些能吸收光线，并自行发光的矿石，是将可见光转变为 X 射线的最佳材料。在这些矿石中，铀矿石以其持续的感光力脱颖而出，成为贝可勒尔实验的对象。

贝可勒尔为了阻隔可见光，把铀矿石包在黑纸中，然后再放到感光底片上拍照。他认为铀矿石需要像“夜明珠”一样吸收太阳光，才能自行发光，于是，他把包好的铀矿石放在太阳底下。然而，世事难料，一向晴朗的巴黎接连几天阴雨连绵，连太阳的影子都看不到。贝可勒尔只得把所有的器材都放入抽屉里，等待天气转晴。终于，在一个晴好的日子里，贝可勒尔将包好的铀矿石短暂的晒了晒太阳，便冲洗了底片。他想，铀矿石感光的时间很短，底片应该很模糊，然而出乎意料的是，底片上的影像却十分清晰。

直到此时，贝可勒尔还没有意识到铀矿石和“夜明珠”的区别，他坚定的认为铀矿石必须吸收太阳的光线才能发光，尽管事实证明它放出的光线已经远远超过了可能吸收的太阳光。

好在作为科学家的贝可勒尔没有就此止步，他继续进行着实验。

他一次次的缩短铀矿石暴露在日光下的时间，甚至将它长时间放置在暗室，完全不接触可见光。然而，底片上的影像依然十分清晰。

贝可勒尔开始尝试破坏铀矿石本身的结构。他在暗室中溶解了铀矿石，并使铀元素重新结晶，然而结果让人大跌眼镜，结晶的金属铀放出了更强的射线。由于金属不可能发出荧光，这意味着金属铀自身放出了射线。他做了许多尝试，都没有阻止金属铀放出射线。因此，贝可勒尔得出了一个结论：这种不可见射线来自铀元素本身。

尽管这一结论十分新颖，但是，连贝可勒尔自己都没有意识到这一结论有多么重要，以至于即将改写人类命运。

这一发现意味着，物质本身不需要借助外力，就可以自发的向外放出射线，这些射线甚至有足够的能量穿透实体物质，这为不久之后核能的诞生提供了最有力的证据。

1903 年，贝可勒尔获得诺贝尔物理学奖。

这一届的诺贝尔物理学奖并非贝可勒尔独有，我们熟知的居里夫妇和他分享了奖项。

## 居里夫妇的新发现

贝可勒尔发现铀射线的报道，引起了科学界的广泛关注。与此同时，玛丽·居里（居里夫人）正在准备她的博士论文，由于她对贝可勒尔射线十分着迷，所以决定将博士课题敲定为研究铀放出的不可见射线。

要知道这一课题在当时没有任何可供借鉴或参阅的资料，一切都是从零开始。任何一步走错，玛丽随时面临无法取得博士学位的窘境。

然而玛丽·居里是个坚强而又果断的女科学家，她毅然决定挑战当时物理界的阿尔卑斯山。当然，她也得到了贵人相助。而这位贵人正是她的丈夫，皮埃尔·居里。

皮埃尔也是一位才华出众的物理学家，他为了帮助玛丽研究射线，发明了一种能够准确测量射线强度的实验装置——验电器。

当射线放出的能量使空气中的分子发生电离，形成带电的离子时，这一现象被称为电离辐射，电离辐射能够被验电器精准感应到，从而检测射线的强弱。（电离辐射的概念非常重要，后面还会用到。）

如此一来玛丽就可以定量的检测出射线强度了，这可比贝可勒尔的“照相”法准确多了。

有了这一“神器”，玛丽开始了大量的实验。首先，她检测了不同铀矿物的电离辐射强度，发现其强度与铀矿物的形态无关，只与所含铀元素的数量有关。紧接着，她又检测到稀有金属钍元素也能放出电离射线，产生电离辐射。于是，她将元素发生这种电离射线的能力命名为“放射性”。这一名称沿用至今，具备这种能力的元素被称为放射性元素。

很快，勤奋而敏锐的玛丽又有了新发现，她在沥青铀矿石中检测到了强电离射线，预测是一种不同于铀和钍的新元素放出的。通过上万次的提炼，她终于分离出了这一新元素，并将此命名为“钋”，以此纪念她挚爱的祖国波兰。

然而事情并没有结束，几个月后，同样是在沥青铀矿中，居里夫妇又发现了一种能够放出强电离射线的新元素——镭，镭元素的英文名 Radium，正是取自拉丁文 radius，意为“射线”。 镭的放射性比铀元素强了百万倍。而钋元素正是由镭元素放出射线以后，衰变而来的，只是当时的居里夫妇并不知情，因为他们尚不清楚放射性能量的来源。

为了提取足够的镭，玛丽处理了几十吨的铀矿碴，通过研磨、溶解、煮沸、搅拌、过滤、倾倒和结晶等多个过程，直到全部矿石被分离成不同的化学成分，然后检验每种成分的放射性。

如此繁重的体力劳动，对健壮的男性来说也会让人难以招架，但是玛丽娇小柔弱的外表下潜藏的坚强意志，支撑她在短短四年时间内，就提炼出了足够的镭元素，并逐渐肯定了她的判断，辐射强度与物质的化学形态无关，仅与放射性元素的含量有关。

居里夫妇的艰苦付出为他们带来了莫大荣誉，玛丽圆满完成了博士学位，天然放射性也不再是神秘的未知数。1903 年，诺贝尔物理学奖同时授予了贝可勒尔和居里夫妇，表彰前者“发现了天然放射性”，以及后者“共同对辐射现象所做的研究”。

然而，艰苦的工作也让居里夫妇付出了沉重的代价。由于初期对电离辐射的认识不够，居里夫妇在实验中没有采取任何防护措施，大量接触放射性元素损害了他们的健康。玛丽于 66 岁时死于再生障碍性贫血，也就是我们俗称的白血病，极有可能是因为电离辐射所致。而在她工作过的实验室中，沾染了放射性元素镭的地方至今仍然充满放射性，其中，玛丽使用过的笔记本，据说还要放射 1500 年。图 3-24 为居里夫妇工作照。

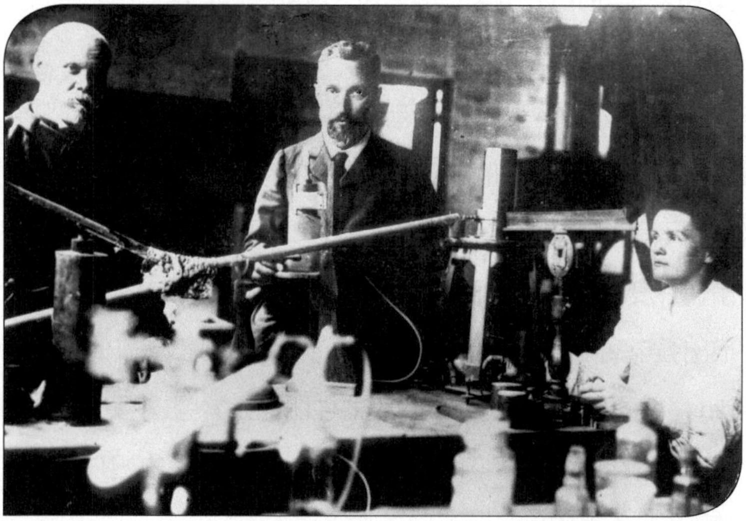

图 3-24　居里夫妇的工作照

时至今日，从事放射性工作的人员，不仅需要穿上有效的防护服，还需要配备辐射检测笔，严格控制接触放射性物质的时间和距离。这些有利于人体健康的行为规范都是在一代科学家以身示范的宝贵经验中总结出来的。

讲到这里，我们已经知道了射线的存在，但还不清楚射线到底是什么，玛丽曾经预测，这些带有能量的射线实际上是物质微粒，真的是这样吗？射线的能量又是源自何处？一个个未解之谜还在前方。

## 原子国国王的玩具

对射线感兴趣的，不只有居里夫妇，卢瑟福同样做了深入研究。

还记得第二章《探秘之旅》的内容吗？卢瑟福通过巧妙的设计，得到了一束 α 粒子射线，然后通过 α 射线轰击金箔，发现了原子核，从而揭开了原子的秘密，创建了原子模型。当他发现原子核之后，继续用 α 射线轰击不同的元素，又轰出了原子核中的质子，并预言了中子的存在。卢瑟福成为“原子国”当之无愧的“国王”。而 α 射线无疑是卢瑟福最钟爱的“玩具”。（注意：α 射线带有很强的放射性，同学们千万不能模仿卢瑟福！）

那么，α 射线究竟是什么物质呢？

通过贝可勒尔的研究，我们已经知道，天然射线具有很强的穿透力，能够使厚纸包裹的底片感光。为了研究天然射线到底能穿透怎样的物质，卢瑟福用铝箔纸把铀盐矿石层层包裹，再检测矿石发出的射线。他发现，贝可勒尔射线实际上是由两种成分组成，一种在传播过程中用纸或一层铝箔就能轻易阻挡，容易被吸收，他将此用希腊字母表中的头号字母 α（阿尔法）表示为 α 射线，而另一种能够穿透多层铝箔的射线，不太容易被吸收，用希腊字母表中的第二个字母 β（贝塔）射线命名（见图 3–25）。

很快，法国物理学家维拉尔从铀盐中又发现了一种穿透力更强的射线，按照卢瑟福的命名方式，称为 γ（伽马）射线。γ 射线的穿透能力很强，只有厚重的混凝土和铅板才能阻挡它。

图 3–25　三种射线的穿透力

通过科学家的反复实验，这三种射线终于露出了“庐山真面目”。原来，他们是具有不同的带电特性和质量的粒子束及光子束。

其中，α 射线是失去了两个电子的氦原子，即氦的原子核，还有两个质子，带正电，具有较大的质量，辐射能量很强；

β 射线实际是电子流，带负电，质量较轻，相较 α 射线，其辐射能较低；

γ 射线则属于电磁波，是光子束，不带电，其静止质量为零，因为 γ 的波长很短，因此具有很强的穿透性。

以上三种射线携带的能量足以将物质中的电子分离出去，成为自由态，从而使物质发生电离反应，因此我们说，这三种射线能产生电离辐射。能产生电离辐射的射线远远不止以上三种，还有 X 射线、质子射线、中子束等。其中，有些是物质自发放出的天然射线，有些则是人们制造的人工射线，除此以外，我们的身边还弥漫着来自外太空的宇宙射线。

## 第二节　无处不在的放射性射线

现实生活中，放射性几乎无处不在，只要是不稳定的元素就会放出射线，产生放射性。

### 寻找宇宙射线

要说人类是如何发现宇宙射线的，那真是惊心动魄的冒险。故事得从 1901 年讲起。

当居里夫妇正在实验室里如火如荼的研究铀矿石发出的射线时，远在英国的几位物理学家几乎同时发现：放在实验室里的几台验电器，在周围没有任何放射性物质的情况下，竟然在偷偷地漏电。而且无论如何改善仪器的绝缘性能，这种漏电现象都无法消除。物理学家们为了减少外界的干扰，便将验电器装入了封闭的铅盒中屏蔽起来，可是放电现象依然难以消除。

从不放过蛛丝马迹的物理学家们，没有对微小的异常视而不见，而是引发了无尽的联想，“肯定是某种穿透性极强的射线穿过室内，引起了空气电离，从而使验电器漏电。”有人说。物理学家又从多方面进行了观测，发现靠近地面的整个大气层都处在微弱的电离状态。这种现象说明，引起空气电离的射线并不局限在实验室中，而是到处都有。

对此，物理学家们发表了各自的见解，主要分为两派：一派认为，这是因为大气之外存在着辐射源，这种辐射可能与阴极射线或伦琴射线相似，但穿透本领特别强，能够穿越亿万光年来到地球上；另一派则认为空气中不断产生的离子是由散布在地壳中的天然放射性元素放射出来的。为了证明这两种说法的正确性，1909 年，瑞士物理学家高凯尔带着验电器亲自到高空做了一次实验。他抱着验电器登上了热气球，实验中，高凯尔发现，随着气球升高验电器一直在放电，而且放电速度越来越快。按照高凯尔的设想，如果第二种想法是正确的，那么随着高度的增加，这种来自地壳内的射线强度一定会慢慢地减弱，当气球升到射线达不到的高度时，电离现象就应该消失。很显然，高凯尔的实验推翻了这种说法，引起空气电离的射线绝不会是地壳中的天然放射性元素放射出来的。那么，第一种说法是否正确呢?

为了弄清楚空气中来历不明的辐射源，物理学家赫斯不顾个人的安危，只身一人乘坐气球进行高空探测。然而不幸的是，气球发生了故障，赫斯从高空中摔了下来，昏迷了近 20 个小时。正当大家以为他不再苏醒，并开始为他准备后事时，奇迹发生了，也许是惦记着未完成的实验，赫斯在第二天奇迹般地活了过来。

1911 年，赫斯前后做了 10 次大胆的气球飞行，最高升至五千多米的高空。他曾在高楼、高山和海洋上进行测量，收集了大量的数据。这些数据充分说明引起空气电离的射线来自外太空，而且，这种射线与太阳、月亮、天河或行星的位置没有关系，它发源于整个宇宙空间。

1925 年，这种射线被正式命名为“宇宙射线”。赫斯献身科学的精神和他在这一领域中作出的重大贡献使他获得了诺贝尔物理学奖。

赫斯发现宇宙射线说明，虽然我们看不见也摸不着，但在我们生存的空间中一直弥漫着电离辐射，如影随形，是我们受到的不可或缺的一部分射线。

## 地球上的天然放射性射线

正如我们前面提到的，自然界中存在着许多天然放射性元素，能够从不稳定的原子核自发地放出射线，（如 α 射线、β 射线、γ 射线等）直至衰变为稳定元素。

实际上，在已被探知的一百多种元素中，仅有三十几种稳定的元素。这说明，我们的地球上始终游离着不稳定的元素，随时释放着射线。其中，一些古老而原始的原子则是形成地球的本源。这些元素存在于我们的土壤、岩石、饮水中，甚至连我们的人体也在放出射线，这是因为我们的身体中就含有放射性元素钾。

## 人工放射性射线

由于放射性射线携带了很强的能量，因此，聪明的人类制造出了各种人工射线，来实现某些特殊功能。比如用 X 光机产生 X 光，用于医学检测；制造放射性同位素，用其产生的放射性射线消毒灭菌；在粒子加速器中生成放射性粒子束，用于治疗肿瘤等。

目前，已测定的放射性同位素（注释：同位素是指具有相同质子数，而中子数不同的同一种元素，化学性质相同。放射性同位素是指能够放出射线的同位素。）超过 2000 种，绝大多数是人工放射性元素，这些人工元素，在科学研究和生产活动中有着广泛的应用。将此比喻为现代的“点石成金术”毫不为过。

## 能躺着绝不站着的原子

在早期，居里夫妇一度猜测，电离辐射的能量可能来自太阳，他们做了一个简单的实验，比较了铀元素在正午和午夜时分的放射性，结果发现没有丝毫差异。当他们为了寻找射线的能量源而困惑苦恼的时候，英国科学家索迪在卢瑟福的实验室中找到了答案。

故事还要从 1899 年说起。一位叫做克鲁克斯的英国化学家在分离铀矿物时发现，一部分铀矿物具有放射性，另一部分铀矿物却没有放射性。其他一些科学家也发现了这一现象。同时还发现，钍、镭等放射性元素不仅能产生具有放射性的物质，而且还能使与它有接触的物质也产生放射性。这种放射性随着时间流逝而减弱，直至消失。

同样来自英国，学习化学的索迪，刚刚迈出校门便幸运地成为了卢瑟福的助手。

1902 年，卢瑟福、索迪受到克鲁克斯的启发，提出了元素蜕变假说：某一些不稳定的元素原子会蜕变成另一种相对稳定的元素原子，这一过程引发了原子的放射性。元素蜕变不是化学变化，而是原子本身的物理变化，当原子放射出 α、β、γ 射线时，就逐渐蜕变成了新的元素。这一过程被称为原子的衰变。

要理解原子的衰变，可以结合我们常说的一句话："能坐着绝不站着，能躺着绝不坐着。"因为坐比站消耗的能量更少，因此坐着的状态更稳定，而躺着时能量消耗最小，也是最舒服最稳定的状态，因此我们总是不自觉地去找那个"躺着"的位置。原子的微观世界同样如此，能量越高的元素越不稳定，它会自发地向稳定的状态蜕变，从高能态到低稳态的过程，就放出了射线。而射线的能量正是原子能（也称"核能"）。

## 不停抖毛的小狗

换句话说，放射性的能量实际上来源于原子核本身，原子核不断放出射线，去寻找稳定的状态，有时会经历几次中间过程，变成新的较为稳定的元素，然后继续放出射线，直到变成稳定的元素，不再放出射线。事实上，已被探知的天然元素绝大部分都是不稳定的元素，因此放射性时刻存在于我们的自然界。

你还可以将这些不稳定的元素看做调皮的小狗，总想抖落身上的水珠或灰尘，这些水珠就好比 α、β、γ 射线。如果周围正好有别的小狗被溅到水珠，那么别的小狗受到刺激也会开始抖动，甩出更多的水珠和灰尘。对于元素来说，既有自发放出的射线，也有受激发放出的射线。

讲到这里，我们已经知道了什么是放射性射线，以及放射性射线携带的能量从何而来。接下来，让我们一起去发现身边的核技术应用吧。



## 第三节　冲锋陷阵的人工放射性射线

当射线的迷雾被一一破除，放射性射线被用在了各行各业。

如今，人类的生活物资极大丰富，人们的物质欲望也越发膨胀，接踵而至的环境问题、食品安全问题、健康问题也越演越烈，在看不见硝烟的战场上，人工放射性射线冲锋陷阵，为人类开辟了一条揭示和改造世界的技术新途径。

### 为消灭病菌而战

2020年年初，就在刚过去不久的中国农历春节，人们度过了一个难忘的假期。新冠病毒（新型冠状病毒肺炎）爆发全球疫情，一时间，口罩成了“硬通货”，需求供给严重失衡，市场上出现了一“罩”难求的窘境。当口罩制造商好不容易增加了产能，新的问题又出现了。

原来，造好的口罩需要消毒杀菌，采用传统的化学杀菌法，需要 7~14 天的时间周期，如果化学消毒剂没有充分挥发，残留在口罩上被人体吸收，还会增加致癌风险。就在全国上下一筹莫展之时，辐照灭菌法发挥了独特优势，此技术将整个灭菌时间缩短到了 1 天以内，没有化学药剂残留，没有漏网的细菌病毒，灭菌后的口罩各项指标均检验合格，迅速地运往了全国各地。

该方法利用的是人工射线或粒子束消毒灭菌，很早便利用在了食品工业，过去我们常常诟病食品中添加的保鲜剂有害健康，如今，采用辐照灭菌和真空包装相结合的方式，可以做到在不添加保鲜剂的条件下，长时间不发生变质。

## 为粮食而战

在食品工业的更前端——农业市场上，利用高能射线有针对性地改良农作物，已取得了成功经验。将射线精准地作用在农作物的基因片段上，可改良基因，极大的提高粮食品质，增加粮食产量。

同样在农业上，为了减少病虫侵害，传统方法使用化学杀虫剂喷洒在农作物上，造成了极大的食品污染、土壤污染。使用放射性技术，则能通过射线阻断害虫的生殖细胞，使他们无法繁殖，在短时间内断子绝孙，真正做到了治标治本，同时不会对农作物本身造成污染。

## 为环境而战

如今，随着人们生产制造能力的提高，地球上的三废（废水、废气、固体废物）垃圾也开始泛滥，据说就连无人居住的极地也开始被人类垃圾占领了。我们的地球，正面临严峻的环境问题。

尽管有人固执地认为核能会污染环境，实际上采用核技术方法，可以处理生活和工业废水、废气，以及固体废物。相比传统的化学方法，核技术方法不会产生二次污染物，是真正的环保清道夫。

## 为健康而战

当越来越多的物质为我们的生活带来了便利与精彩时，人们的健康状况也在悄然发生着变化，社会压力与环境恶化无疑都对我们的健康产生了不利影响，多年来，癌症、肿瘤的发病率一直呈上升趋势。人们的健康状况正在遭遇严峻的挑战。

早在伦琴发现X射线时，人们就开始探索将放射性射线用于医疗领域。利用射线的穿透性，医用X射线、CT被用于人体检测，使病兆能在早期被筛查出来，也能让人们免受创伤性检测的痛苦。而且，射线的用途远不止这些，利用高能射线杀灭癌细胞已受到医生和患者越来越多的青睐，核医学已经成为解决心、脑血管以及肿瘤等疾病的重要方法。

除了上面所举的例子，核技术还有很多妙用，如果你感兴趣的话，可以在网络和书本上找到更多的知识。相信未来，核技术还将在我们的生活中发挥更大的作用，也许你也能创造出更多更好的点子。

第四章

# 04

# 未来之梦

能量与能源，一把开启生活中各种力量的隐形钥匙，改变了人们的生活，也创造了人类历史。

核能利用，20 世纪最伟大的发现与创造，重塑了世界格局，为人类的能源之梦带来了新的希望。如今，核能技术不断升级，未来将继续引领我们走向远方，在海、陆、空、天领域发挥它独特的作用。

## 第四代反应堆

目前，我们在核电厂中应用的核反应堆都属于第二代和第三代反应堆，而科学家们已经开始着手研发第四代反应堆了。第四代反应堆比任何一代反应堆更安全、更经济，并兼备了多种用途。核反应堆中产生的能量，将不仅用于发电，还将用于取暖供热、制造氢气、海水淡化，满足人类生活的多种需求。

人们投入了大量的时间和精力来研究这些更为先进的反应堆，并已取得了阶段性的胜利。我国山东省的石岛湾核电厂，是全球首座将四代核电技术成功商业化的核电厂，目前正在紧张的建设中。相信随着第四代反应堆的普及，我们身边的核电厂将会更加安全可靠。

## 全绿色电动车

在我们的城市中，车辆已是必不可少的交通工具，然而燃烧石油带来的环境和能源危机，让我们不得不思考，生活便利与环境代价之间的平衡关系，在此背景下，新能源电动汽车应运而生。

目前，我们能够看到的新能源汽车采用电池提供动力，通过充电桩给汽车充电，然而受蓄电池储能密度（电池单位体积内储存能量的大小）的限制，行驶里程非常有限。有科学家预言，未来的商业电动车将实现氢燃料电池的驱动。

提到氢燃料电池，首先让我们来看一组化学反应式：

$$2H_2 + O_2 \xrightarrow{\text{点燃}} 2H_2O + \text{能量}$$

氢气和氧气结合生成水，并放出能量。我们已知氢元素是宇宙中含量最多的元素，占比达到 90%，而 1 千克的氢气可以释放的能量是 1 千克石油的 3 倍。如果将氢气作为燃料，既可以获得廉价的能源，又不会污染环境。这听上去真是一个完美的计划。

然而以目前的化学法制造氢气，不仅需要耗费大量的能量，还会产生二氧化碳温室气体。这意味着使用氢气电池的梦想远不及看上去的那么美。

不过，第四代核反应堆为规模化的制造氢气带来了曙光，利用核能电解水，从而得到氢气，不会引入污染，也将充分实现能量的转换。到那时，汽车将真正摆脱汽油的束缚，也许大街上奔跑的将是全绿色电动车。

## 飞往火星

你是否畅想过，也许未来有一天，人类将前往火星旅行，甚至定居。我们需要巨大的能量推动宇航飞行器，也需要在火星上建设能量补给站，用以维持我们的生活所需。现役的液体火箭发动机采用化学燃料进行推进，受化学能的限制，很难满足未来畅想。哪一种能源可以帮助人类实现这一宏伟壮举呢？核能，必有其一席之地。

事实上，美国宇航局已经在开发用于航天器推进和行星动力源的核反应堆了。而我国在空间核动力技术方面的研究也处于国际领先水平。目前从地球飞到火星大约需要八个月，如果使用大推力核动力航天器，飞行时间可以缩短到一个半月。

可以预测，在不久的将来，我们就能坐上核动力火箭，到火星或者月球上来一场太空旅行啦。

## 人造小太阳

作为地球人，我们都要真心感谢太阳。太阳，这个古老而神奇的星球，源源不断的将光与热输送到地球，为地球生物提供赖以生存的能量。地球上一切化石能源、可再生能源都是拜太阳所赐。太阳为人类生活提供了绝大部分能量。然而你是否思考过，太阳的能量来自何处？

实际上，太阳产生的能量正是一种核能。与铀元素等重核元素发生的核裂变不同，太阳中的能量来自轻核元素的核聚变反应。

简单来说，原子核聚变就是两个较轻的原子核聚合成较重的原子核，从而释放能量的过程。原子核聚变产生的能量遵循爱因斯坦提出的质能方程：

$$E = mc^2$$

太阳的主要组成部分是氢元素，但请注意，太阳产生热量可不是像前面氢气燃料电池那样，利用化学反应得到化学能，而是在高温的作用下将氢原子变成带正电荷的粒子和负电荷的粒子，并高速运动，当带正电荷的氢原子核聚合产生氦原子核时，就产生了原子核聚变反应，并释放巨大能量。利用这些能量，太阳一方面继续维持自身的高温状态，不间断地进行原子核聚变反应，另一方面以光和热的形式向宇宙中辐射出去。太阳的表面温度约 5600 ℃，中心温度更是高达惊人的 15 000 000 ℃。太阳每秒中产生的能量就能满足地球 100 万年的能源需求。到今天太阳的寿命已经超过了 50 亿年，而地球只接收到了其中极少部分的能量。

在地球浩瀚的大海中，蕴含着丰富的氢的同位素——氘和氚，这两种元素就能产生核聚变反应，根据海洋中氘资源的总量估计，核聚变能可供人类使用数亿年。同时，核聚变还有不污染环境、不产生高放射性核废料等优点。因此，核聚变可以说是人类解决能源问题和环境问题的终极方案。

为了模拟太阳产生能量的过程，人们早已开始了漫漫长征，在过去的 50 年，人们突破了许多障碍，解决了很多难题，尽管前进的道路依然坎坷，但是人类从未放弃。目前，一支由多个国家出资并派遣科学家组建的国际科研团队，誓要凭借共同的力量在地球上创造一个“小太阳”。也许未来 50 年，我们将亲眼见证人造“小太阳”的诞生，届时，人类将迈入新的纪元（见图 4–1）。

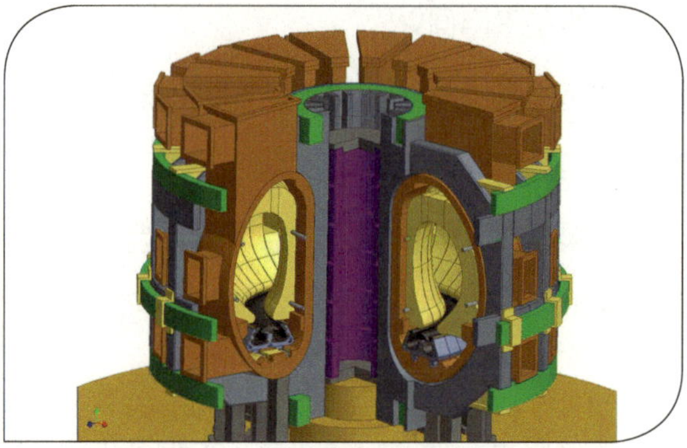

图 4-1　托卡马克实验装置

亲爱的同学，不知不觉我们就来到了最后的篇章。核能看似神秘，其实它早已融入了我们身边的每一个角落，而核能技术的每一次进步，都为我们带来了更好的生活。未来，人们还继续推动核能技术的革新与完善，继续为能源与环境问题提供更好的解决方案。